Segurança contra incêndio em edifícios

Considerações para o projeto de arquitetura

Blucher

Valdir Pignatta Silva

Professor doutor do Departamento de Engenharia de Estruturas e Geotécnica
da Escola Politécnica da Universidade de São Paulo
www.lmc.ep.usp.br/people/valdir

Segurança contra incêndio em edifícios

Considerações para o projeto de arquitetura

Segurança contra incêndio em edifícios: considerações para o projeto de arquitetura
© 2014 Valdir Pignatta e Silva
Editora Edgard Blücher Ltda.

1ª reimpressão – 2019

Blucher

Rua Pedroso Alvarenga, 1.245, 4º andar
04531-012 – São Paulo – SP – Brasil
Tel.: 55 (11) 3078-5366
contato@blucher.com.br
www.blucher.com.br

Segundo Novo Acordo Ortográfico, conforme 5. ed. do *Vocabulário Ortográfico da Língua Portuguesa*, Academia Brasileira de Letras, março de 2009.

É proibida a reprodução total ou parcial por quaisquer meios, sem autorização escrita da editora.

Todos os direitos reservados pela
Editora Edgard Blücher Ltda.

Ficha catalográfica

Silva, Valdir Pignatta e
   Segurança contra incêndio em edifícios: considerações para o projeto de arquitetura / Valdir Pignatta e Silva. -- São Paulo: Blücher, 2014.

   Bibliografia
   ISBN 978-85-212-0775-7

   1. Prevenção de incêndios 2. Edifícios - Medidas de segurança 3. Construção à prova de fogo I. Título.

13-0600   CDD 693.82

Índice para catálogo sistemático:
1. Segurança contra incêndios

Este livro é dedicado à:
Polyanna, Renata, Thábata,
Andressa e Adriana.

à Olga e ao Leandro (*in memoriam*).

Sobre o autor

Valdir Pignatta Silva é engenheiro civil, professor e pesquisador na área de engenharia de estruturas em situação de incêndio. Atuando nessa área desde 1988, foi coordenador da comissão de estudos que elaborou as normas ABNT NBR 14432:2001 – Exigências de resistência ao fogo dos elementos construtivos das edificações e da ABNT NBR 14323:1999 – Dimensionamento das estruturas de aço em situação de incêndio. Escreveu o texto básico da ABNT NBR 15200:2012 – Projeto de estruturas de concreto em situação de incêndio, foi coautor do texto básico da ABNT NBR 14323:2013 – Projeto de estruturas de aço e mistas de aço e concreto e autor do texto básico do capítulo referente à estrutura em incêndio da ABNT NBR 7190:2013 – Projeto de estruturas de madeira.

Com mais de duas décadas de experiência na área de segurança das estruturas em situação de incêndio, o autor tem observado falhas em projetos arquitetônicos, que, mesmo descobertas e corrigidas, levaram ao atraso do projeto final, trazendo grandes problemas aos arquitetos e a todos os outros profissionais envolvidos no empreendimento. Essa foi a motivação para escrever este livro.

Conteúdo

Prólogo 13

1 Introdução 15
    1.1   Incêndios históricos 15
    1.2   Legislação e normatização brasileiras 22

2 Princípios da segurança contra incêndio 31
    2.1   Conceitos 31
    2.2   Fatores que influenciam a severidade de um incêndio 35
    2.3   Fatores que influenciam a segurança do patrimônio 36
    2.4   Fatores que influenciam a segurança da vida 38

3 Compartimentação 41
    3.1   Compartimento 41
            3.1.1   Isolamento térmico 42
            3.1.2   Estanqueidade 42
    3.2   Compartimentação vertical 44
            3.2.1   Selagem 45
            3.2.2   Fachada 46
            3.2.3   Fachada-cortina 47
            3.2.4   Legislação 48
            3.2.5   Exceção à compartimentação vertical 50
    3.3   Compartimentação horizontal 51
            3.3.1   Legislação 54
    3.4   Selagem corta fogo 56

4 Separação entre edifícios (isolamento de risco) 63

5	**Escadas de emergência**		**67**
	5.1 Tipos de escadas		68
		5.1.1 Escada não enclausurada protegida	68
		5.1.2 Escada enclausurada protegida	68
		5.1.3 Escada enclausurada à prova de fumaça	68
		5.1.4 Escada à prova de fumaça pressurizada	69
		5.1.5 Legislação	69
	5.2 Resistência ao fogo		71
6	**Materiais de revestimento**		**73**
7	**Segurança das estruturas em situação de incêndio**		**77**
	7.1 Transferência de calor		78
		7.1.1 Radiação	78
		7.1.2 Convecção	79
		7.1.3 Condução	79
	7.2 Temperatura do incêndio		80
		7.2.1 Carga de incêndio	80
		7.2.2 Grau de ventilação	83
		7.2.3 Incêndio-padrão	85
	7.3 Temperatura na estrutura		86
	7.4 Resistência ao fogo das estruturas		89
		7.4.1 Tempo requerido de resistência ao fogo (TRRF)	89
		7.4.2 Altura em incêndio	91
		7.4.3 Subsolo	93
		7.4.4 Isenção de verificação da estrutura	94
	7.5 Estruturas de concreto		96
	7.6 Estruturas de aço		97
	7.7 Estruturas de madeira		100
	7.8 Método do tempo equivalente (redução do TRRF)		101
8	**Outras medidas de proteção**		**103**
	8.1 Proteção passiva		103
		8.1.1 Elevadores de emergência	103
		8.1.2 Área de refúgio	103
		8.1.3 Acesso da viatura do Corpo de Bombeiros	104
	8.2 Proteção ativa		105

9 Considerações finais.. 107

Anexo A – Classificação das edificações e áreas de risco quanto à ocupação (resumo)... 109

Anexo B – Separação entre fachadas....................................... 113
   B.1   Procedimento... 113
   B.2   Exemplo de aplicação... 115

Anexo C – Redutor de TRRF (método do tempo equivalente)............ 119
   C.1   Procedimento... 119
   C.2   Exemplo de aplicação... 122

Referências bibliográficas... 125

Prólogo

Todos querem viver, trabalhar ou permanecer, mesmo que temporariamente, em uma edificação segura em situação de incêndio.

A segurança absoluta contra incêndio não existe, porém, pode-se minimizar a probabilidade de sua ocorrência por meio de medidas de segurança, tais como instalações elétricas realizadas conforme normas técnicas, constituição de brigadas contra incêndio e instalação de chuveiros automáticos.

Ainda assim, restará uma pequena probabilidade de o incêndio se iniciar. Caso isso ocorra, é importante não permitir que o fogo se propague para fora do local de origem, compartimentando a edificação. A compartimentação vertical ou horizontal deve ser perfeita, isto é, paredes e lajes que circundam o compartimento devem impedir que o fogo e o calor as atravessem. Toda e qualquer tubulação, duto ou *shaft* que interligue dois compartimentos deve ser adequadamente vedado, e se houver portas, elas devem ser corta fogo.

A população deve ter condições para poder abandonar o compartimento em chamas em segurança, portanto devem ser instalados detectores e alarmes de forma a avisá-la sobre o início do incêndio. É essencial que haja sinalização e iluminação para a rápida desocupação do compartimento em chamas, de forma que as pessoas atinjam rapidamente as escadas de emergência. Dependendo do tipo de edificação, as escadas devem ser enclausuradas ou à prova de fumaça.

Os revestimentos de piso, parede e teto dos compartimentos devem ser tais que tenham baixa velocidade de propagação do fogo e não exalem gases tóxicos, entre outras características.

A desocupação e as operações de combate devem ser feitas sem risco de as edificações desmoronarem em decorrência de incêndio, ou seja, a estrutura deve possuir resistência ao fogo.

Essas e outras medidas de segurança, tais como instalação de hidrantes, extintores, detectores de calor ou fumaça etc., devem ser previstas em projeto, de acordo com o porte e o uso do empreendimento.

É no projeto arquitetônico que se preveem a compartimentação requerida e as escadas de emergência ou, eventualmente, os elevadores de emergência e as áreas de refúgio. É nele que os detalhes arquitetônicos devem ser compatibilizados com as instalações contra incêndio e com as dimensões das estruturas calculadas para a situação de incêndio. No projeto, são definidos os revestimentos e os acabamentos da edificação. Enfim, o projeto arquitetônico de uma edificação é fundamental para a segurança contra incêndio.

Tendo colocadas essas considerações, esclareço que o objetivo deste livro não é o detalhamento do projeto arquitetônico, como dimensionamento de escadas de emergência, detalhes de vedação corta fogo ou de fachadas etc., mas fornecer e esclarecer alguns conceitos básicos referentes à segurança contra incêndio, com ênfase na proteção passiva de edifícios de múltiplos andares, a fim de evitar problemas quando o detalhamento estiver avançado.

Para efeito de projeto, as instruções do Corpo de Bombeiros, as normas da Associação Brasileira de Normas Técnicas (ABNT) e os códigos de obra municipais devem ser lidos a fim de identificar outros aspectos aqui não detalhados. Caso haja alguma divergência numérica entre valores apresentados nas normas ou nos regulamentos e os correspondentes aqui transcritos, os valores da legislação devem ser respeitados e agradeço se for comunicado para fins de revisão futura.

O autor

1 Introdução

1.1 Incêndios históricos[1]

O primeiro grande incêndio da Era Cristã, historicamente registrado, foi o de Roma em 19 de julho de 64. O fogo se propagou pela cidade durante nove dias. As residências, feitas com madeira, as ruas estreitas e os ventos colaboraram para a grande destruição. Foram milhares de mortos e três quartos da cidade foram destruídos (Figura 1.1). Em Roma, desde o ano 6, havia uma equipe de combate a incêndio, criada por Augustus, conforme informações extraídas do *site* History of Fire Fighters – FireFighter's Barbacue Souce (s/d) – e do portal Wikipedia – Vigiles (s/d).

Eram os *vigiles* que patrulhavam as ruas para impedir incêndios e policiar a cidade. Nessa época, o fogo era um grande problema para eles, que não possuíam métodos eficientes para sua extinção (CAMILO; LEITE, 2008).

Há controvérsias quanto a Nero ter sido o mandante do incêndio ou ter-se aproveitado dele para reconstruir Roma e culpar os cristãos (COSTA, 2002). O fato é que, após esse incêndio, Nero promulgou regulamentos contra incêndio, os quais incluíam mais acesso do público à água e proibiam edifícios com paredes em comum (VIGILES, s/d).

Outro incêndio histórico é o de Londres, ocorrido em 2 de setembro de 1666 (Figura 1.2). Nesse incêndio, mais de 13 mil casas foram destruídas. Oficialmente, o número de mortes é pequeno, no entanto, historiadores alegam que o número pode ter sido bastante grande, em vista da dificuldade de registro na época, além de as pessoas pobres nem sempre entrarem nas estatísticas[2].

Um grande incêndio de dimensões urbanas foi o de Chicago, iniciado em 8 de outubro de 1871 (Figura 1.3). Foram dois dias de incêndio e mais de 300 mortes[3].

---

1 As Seções 1.1 e 1.2 deste capítulo têm por base Gill et al. (2008) e Silva (2012).
2 Fonte: Wikipedia. Disponível em: <http://en.wikipedia.org/wiki/Great_Fire_of_London>. Acesso em: 17 dez. 2011.
3 Fonte: Chicago History Museum. Disponível em: <http://www.chicagohs.org/history/fire.html>. Acesso em: 17 dez. 2011.

Esses incêndios tomavam grande parte das cidades antigas, em virtude de as edificações serem contíguas, com estruturas de madeira e ruas estreitas. Após a modernização das cidades, os incêndios passaram a se restringir ao edifício.

Figura 1.1 – Ilustração que representa o incêndio de Roma.
Fonte: Greatest-Mysteries. Disponível em: <http://greatest-mysteries.blogspot.com/2007/04/great-fire-of-rome.html>. Acesso em: 17 dez. 2011.

Figura 1.2 – Ilustração que representa o incêndio de Londres.
Fonte: National Geographic. Disponível em: <http://news.nationalgeographic.com/news/2009/11/photogalleries/maya-2012-failed-apocalypses/#/great-fire-london-1666_11739_600x450.jpg>. Acesso em: 20 mar. 2013.

Figura 1.3 – Ilustração que representa o incêndio de Chicago.
Fonte: Arquiline's Blog. Disponível em: <http://arqline.files.wordpress.com/2010/10/great-fire-chicago-pintura-da-epoca.jpg>. Acesso em: 17 dez. 2011.

Nos Estados Unidos, antes que ocorressem incêndios com grande perda de vidas, a segurança contra incêndio tinha por ênfase a proteção ao patrimônio. O primeiro *Handbook*, publicado por Everett U. Crosby em 1896 – ainda não editado pela National Fire Protection Association (NFPA) –, predecessor do atual *Fire protection handbook,* buscou facilitar o trabalho dos inspetores das companhias de seguros. Cerca de metade do manual de 183 páginas se dedicava a chuveiros automáticos e a suprimento de água. O marco divisório na segurança contra incêndio aconteceu no início do século XX, após ocorrerem quatro grandes incêndios com vítimas. São os seguintes:

Teatro Iroquois em Chicago (Figura 1.4), em 30 de dezembro de 1903, aproximadamente um mês após sua abertura. O Teatro Iroquois era tido como seguro contra incêndios. O fogo vitimou 600 das 1.600 pessoas na plateia. Como diversos incêndios já haviam ocorrido em teatros, tanto na Europa quanto nos Estados Unidos, sem a mesma magnitude, as precauções necessárias eram conhecidas, porém não foram tomadas pelos proprietários do teatro.

Figura 1.4 – Incêndio no Teatro Iroquois.
Fonte: Chicago Now. Disponível em: <http://www.chicagonow.com/blogs/chicago-halloween-haunted-blog-photos/2009/10/iroquois-theater.html>. Acesso em: 17 dez. 2011.

Opera Rhoads em Boyertown, Pensilvânia (Figura 1.5), em 13 de janeiro de 1908, provocado pela queda de uma lâmpada de querosene. Situava-se em um segundo pavimento, e as saídas, fora de padrão ou obstruídas, não foram suficientes, e 170 pessoas pereceram.

Figura 1.5 – Incêndio na Opera Rhoads.
Fonte: AllAroundPhilly. Disponível em: <http://www3.allaroundphilly.com/blogs/reporter/2chrisas2/uploaded_images/wboy3-713179.jpg>. Acesso em: 17 dez. 2011.

Lake View Elementary School em Cleveland, Ohio (Figura 1.6), em 4 de março de 1908, no qual 172 crianças e 2 professores morreram. Esse incêndio reforçou a consciência americana sobre a necessidade de melhoria dos códigos, das normas e dos exercícios de escape e de combate ao fogo.

Triangle Shirtwaist Company, em Nova York (Figura 1.7), em 25 de março de 1911, no qual 146 jovens trabalhadores morreram no fogo ou se atirando do edifício em chamas.

Figura 1.6 – Incêndio na Lake View Elementary School.
Fonte: Dead Ohio. Disponível em: <http://www.deadohio.com/collinwood.htm>. Acesso em: 17 dez. 2011.

Quatro edições do Manual de proteção contra incêndios (*Fire protection handbook*) da NFPA haviam sido publicadas, com evoluções técnicas, até que surgiu aquele considerado um marco divisório: a quinta edição, de 1914. A importância dessa edição decorre dos incêndios anteriormente citados, em especial o então recente incêndio com vítimas da Triangle Shirtwaist, que ampliou a missão da NFPA para a proteção de vidas e não somente de propriedades. Foi após esse incêndio que a NFPA criou o Comitê de Segurança da Vida. O mesmo comitê, posteriormente, gerou recomendações para a construção de escadas e a disposição de saídas de emergência em fábricas, escolas etc., que até hoje constituem a base desse código.

Pela ausência de grandes incêndios no Brasil até os anos 1960 e 1970 do século passado, a segurança contra incêndio era relegada a segundo plano. A regulamentação relativa ao tema era esparsa, contida nos códigos de obras dos municípios, sem quaisquer incorporações do aprendizado dos incêndios ocorridos no exterior, salvo quanto ao dimensionamento da largura das saídas e escadas e da incombustibilidade de escadas e estruturas de prédios elevados. O Corpo de Bombeiros (CCB) possuía alguma regulamentação, advinda da área de seguros, indicando, em geral, a obrigatoriedade de medidas de combate a incêndio, como a provisão de hidrantes e extintores, além da sinalização desses equipamentos.

Figura 1.7 – Incêndio na fábrica Triangle Shirtwaist Company.
Fonte: Wikipedia. Disponível em: <http://en.wikipedia.org/wiki/Triangle_Shirtwaist_Factory_fire>. Acesso em: 17 dez. 2011.

As normas da Associação Brasileira de Normas Técnicas (ABNT) tratavam de assuntos ligados à produção de extintores de incêndio. A situação do país era semelhante à dos Estados Unidos em 1911. O Brasil não colhera o aprendizado decorrente dos grandes incêndios ocorridos nos Estados Unidos e em outros países.

Inicia-se então a sequência de tragédias no Brasil.

- Gran Circo Norte-americano, Niterói, RJ (Figura 1.8). O maior incêndio em perda de vidas ocorrido no Brasil até então, aconteceu em 17 de dezembro de 1961, tendo como resultado 250 mortos (segundo o jornal *Gazeta do Povo* (2012), o número de mortos pode ter chegado a 500) e 400 feridos. Vinte minutos antes de terminar o espetáculo, um incêndio tomou conta da lona. Em três minutos, o toldo em chamas caiu sobre os 2.500 espectadores. A ausência dos requisitos de escape para os espectadores, como dimensionamento e posicionamento de saídas, a inexistência de pessoas treinadas para conter o pânico e orientar o escape etc. foram as causas da tragédia. As pessoas morreram queimadas e pisoteadas. A saída foi obstruída pelos corpos amontoados. A tragédia teve repercussão internacional. O incêndio teve origem criminosa, e seu autor foi julgado e condenado.

Figura 1.8 – Incêndio do Gran Circo Norte-americano.
Fonte: Cirurgia plástica UFPR 14/4/2012. Disponível em: <http://www.cirplasufpr.com/news/gazeta%20do%20povo%3A%20inc%C3%AAndio%20do%20gran%20circo%20norte-americano>. Acesso em: 14 abr. 2012.

- Edifício Andraus, Av. São João, São Paulo (Figuras 1.9 e 1.10). O primeiro grande incêndio em prédios elevados ocorreu em 24 de fevereiro de 1972. Tratava-se de um edifício comercial com 31 andares. No térreo havia uma loja de departamentos. Acredita-se que o fogo tenha começado nos cartazes de publicidade dessa loja colocados sobre a marquise do prédio. Do incêndio, resultaram 16 mortos e 336 feridos. Apesar de o edifício não possuir escada de segurança, mais vítimas não pereceram pela existência de um heliponto na

Figura 1.9 – Incêndio no edifício Andraus.
Fonte: RTB – Rescue Training Brasil. Disponível em: <http://www.rtbrasil.com.br/site/casos-famosos/casos-famosos-edificio-andraus>. Acesso em: 17 dez. 2011.

Figura 1.10 – Labaredas do incêndio no edifício Andraus.
Fonte: Diário do Catuí, 14 abr. 2012. Disponível em: <http://catui.blogspot.com.br>. Acesso em: 17 dez. 2011.

cobertura, permitindo às pessoas que para lá se deslocaram, permanecer protegidas pela laje e pelos beirais desse equipamento. Muitas foram retiradas por helicópteros. O edifício Andraus não era compartimentado.

Esse incêndio gerou grupos de trabalho em São Paulo. Com o passar do tempo, esses trabalhos foram perdendo o seu ímpeto inicial e acabaram por ser engavetados.

- Edifício Joelma, Praça da Bandeira, São Paulo (Figuras 1.11 e 1.12). O incêndio ocorrido em 1º de fevereiro de 1974 resultou em 179 mortos e 320 feridos. O edifício com 23 andares de estacionamentos e escritórios não possuía escada de segurança. Nesse incêndio, como ocorrera no da Triangle Shirtwait Company, pessoas se projetaram pela fachada do prédio, gerando imagens fortes e de grande comoção. Muitos ocupantes do edifício pereceram no telhado, provavelmente buscando um escape semelhante ao que ocorrera no edifício Andraus. Durante o incêndio, o comandante do Corpo de Bombeiros revelou à imprensa as necessidades de aperfeiçoamento da organização. O edifício Joelma, tal qual o Andraus, não era compartimentado.

Figura 1.11 – Incêndio no edifício Joelma.
Fonte: Tumbrl. Disponível em: <http://29.media.tumblr.com/tumblr_ljgd6eaKng1qg4igfo1_400.jpg>. Acesso em: 17 dez. 2011.

Figura 1.12 – Edifício Joelma após incêndio.
Fonte: São Paulo antiga. Disponível em: <http://www.saopauloantiga.com.br/o-incendio-do-edificio-joelma>. Acesso em: 14 abr. 2012.

- Edifício Andorinha, Av. Graça Aranha, centro do Rio de Janeiro (Figura 1.13). O incêndio, ocorrido no dia 17 de fevereiro de 1986, causou 21 mortos e cerca de 50 feridos. O incêndio começou no 9º andar e destruiu os outros cinco pavimentos do prédio. O Andorinha ficou abandonado por vários anos quando foi demolido e, em seu lugar, construído um moderníssimo prédio chamado Torre Almirante.

Figura 1.13 – Incêndio do edifício Andorinha (RJ).
Fonte: Fotolog. Disponível em: <http://www.fotolog.com.br/tumminelli/9256235>. Acesso em: 17 abr. 2012.

1.2 Legislação e normatização brasileiras

Somado ao incêndio do edifício Andraus, o do Joelma causou grande impacto, dando início ao processo de reformulação das medidas de segurança contra incêndios no Brasil. Houve, finalmente, o reconhecimento de que os grandes incêndios com vítimas, até então distantes, eram fatos reais.

A Prefeitura Municipal de São Paulo, uma semana depois do incêndio no Edifício Joelma, editou o Decreto Municipal nº 10.878, que "institui normas especiais para a segurança dos edifícios a serem observadas na elaboração do projeto, na execução, bem como no equipamento, e dispõe ainda sobre sua aplicação em caráter prioritário". Logo após, as regras estabelecidas nessa regulamentação foram incorporadas à Lei nº 8.266, de 1975, o novo Código de Edificações para o município de São Paulo.

A primeira manifestação técnica ocorreu entre 18 e 21 de março de 1974, quando o Clube de Engenharia do Rio de Janeiro realizou o Simpósio de Segurança contra Incêndio, buscando o desenvolvimento de três linhas mestras de raciocínio: (i) como evitar incêndios, (ii) como combatê-los, (iii) como minimizar os efeitos.

Em Brasília, na Câmara dos Deputados, a Comissão Especial de Poluição Ambiental, de 3 a 7 de julho de 1974, promoveu o Simpósio de Sistemas de Prevenção contra Incêndios em Edificações Urbanas. Ao final, foram apresentadas proposições, recomendações e solicitações.

O Instituto de Engenharia de São Paulo também produziu um relatório sobre o incêndio, indicando que haviam sido seguidas as normas vigentes e que elas deveriam ser aperfeiçoadas.

Ainda em 1974, a ABNT publicou a NB 208 – Saídas de emergência em edifícios altos. Em 1975, o governador do Rio de Janeiro apresentou o Decreto-lei nº 247, que dispõe sobre segurança contra incêndio e pânico.

Em dezembro de 1975, ocorreu a reestruturação do Corpo de Bombeiros de São Paulo, quando se criou o Comando Estadual, enfatizando que sua principal missão era evitar incêndios, como recomendava a NFPA.

O Ministério do Trabalho editou a Norma Regulamentadora 23 (NR-23) – Proteção contra incêndios –, em 1978, dispondo regras de proteção contra incêndio na relação entre empregador e empregado.

Em São Paulo, uma legislação estadual somente foi criada em 1983, pelo Decreto nº 20.811. Esse decreto indicava exigências sobre saídas de emergência, compartimentação horizontal e vertical, sistemas de chuveiros automáticos, alarme, detecção, iluminação de emergência etc. A regulamentação do Estado de São Paulo foi atualizada em 1993 (Decreto nº 38.069) e, novamente, com grande crescimento técnico, em 2001 (Decreto nº 46.076). Finalmente, o Decreto nº 56.819, de 10 de março de 2011, veio a substituir o anterior.

Associadas ao Decreto nº 46.076/01, havia 38 Instruções Técnicas (ITs) que dispõem de exigências sobre compartimentação, separação entre edifícios, controle de materiais, controle de fumaça, saídas de emergência, chuveiros automáticos, segurança das estruturas etc. O decreto paulista inspirou a regulamentação sobre segurança contra incêndio de diversos estados brasileiros. O novo decreto paulista de 2011 ampliou para 44 o número de Instruções Técnicas.

O objetivo das regulamentações modernas de segurança contra incêndio é a proteção à vida e evitar que os incêndios, caso se iniciem, se propaguem para fora de um compartimento do edifício. Como consequência, o prejuízo patrimonial também é reduzido.

No Brasil, a segurança contra incêndio é estadualizada. Em vários estados brasileiros há decretos associados a Instruções Técnicas dos Corpos de Bombeiros que fornecem exigências e recomendações sobre os sistemas de segurança contra incêndio. Na ausência dessas ITs empregam-se normas brasileiras publicadas pela ABNT. Neste texto, quando necessário, se fará menção à legislação do Estado de São Paulo, que é formada pelo Decreto n.º 56.819, de 2011, (SP, 2011)[4] e a 44 Instruções Técnicas[5] a ele associadas e elencadas a seguir.

---

[4] O Decreto nº 56.819, de 2011, pode ser baixado em: <http://www.ccb.polmil.sp.gov.br/normas_tecnicas/decreto/Dec56819_2011.zip>.

[5] As ITs do CBPMESP – Corpo de Bombeiros da Polícia Militar do Estado de São Paulo podem ser baixadas em: <http://www.ccb.polmil.sp.gov.br/index.php?option=com_content&view=article&id=28&Itemid=42>.

IT1 Procedimentos administrativos.
IT2 Conceitos básicos de proteção contra incêndio.
IT3 Terminologia de proteção contra incêndio.
IT4 Símbolos gráficos para projeto de segurança contra incêndio.
IT5 Segurança contra incêndio – urbanística.
IT6 Acesso de viatura à edificação e área de risco.
IT7 Separação entre edificações.
IT8 Resistência ao fogo dos elementos de construção.
IT9 Compartimentação horizontal e compartimentação vertical.
IT10 Controle de materiais de acabamento e revestimento.
IT11 Saídas de emergência em edificações.
IT12 Dimensionamento de lotação e saídas de emergência em recintos esportivos e de espetáculos artístico-culturais.
IT13 Pressurização de escada de segurança.
IT14 Carga de incêndio nas edificações e áreas de risco.
IT15 Controle de fumaça.
IT16 Plano de emergência contra incêndio.
IT17 Brigada de incêndio.
IT18 Iluminação de emergência.
IT19 Sistemas de detecção e alarme de incêndio.
IT20 Sinalização de emergência.
IT21 Sistema de proteção por extintores de incêndio.
IT22 Sistema de hidrantes e de mangotinhos para combate a incêndio.
IT23 Sistema de chuveiros automáticos.
IT24 Sistema de chuveiros automáticos para áreas de depósito.
IT25 Segurança contra incêndio para líquidos combustíveis e inflamáveis.
IT26 Sistema fixo de gases para combate a incêndio.
IT27 Armazenagem de líquidos inflamáveis e combustíveis.
IT28 Manipulação, armazenamento, comercialização e utilização de gás liquefeito de petróleo (GLP).
IT29 Comercialização, distribuição e utilização de gás natural.
IT30 Fogos de artifício.
IT31 Heliponto e heliporto.
IT32 Medidas de segurança para produtos perigosos.
IT33 Cobertura de sapé, piaçava e similares.
IT34 Hidrante de coluna.
IT35 Túnel rodoviário.
IT36 Pátios de contêineres.
IT37 Subestações elétricas.
IT38 Proteção contra incêndios em cozinhas profissionais.
IT39 Estabelecimentos destinados à restrição de liberdade.
IT40 Edificações históricas, museus e instituições culturais com acervos museológicos.
IT41 Inspeção visual em instalações elétricas de baixa tensão.

IT42 Projeto técnico simplificado.
IT43 Adaptação às normas de segurança contra incêndio – edificações existentes.
IT44 Proteção ao meio ambiente.

No decreto do Estado de São Paulo são resumidas as exigências que as edificações devem respeitar, em função do tipo de uso e da altura. Como exemplo, apresentam-se as Tabelas 1.1 a 1.5, retiradas do Decreto nº 56.819 (2011)[6].

Tabela 1.1 – Requisitos de segurança contra incêndio referentes a edifícios residenciais multifamiliares

Grupo de ocupação e uso	Grupo A – residencial					
Divisão	A-2, A-3 e condomínios residenciais					
Medidas de segurança contra incêndio	Classificação quanto à altura (em metros)					
	Térrea	H<6	6<H<12	12<H<23	23<H<30	Acima de 30
Acesso de viatura à edificação	X	X	X	X	X	X
Segurança estrutural contra incêndio	X	X	X	X	X	X
Compartimentação vertical	—	—	—	X^2	X^2	X^2
Controle de materiais de acabamento	—	—	—	X	X	X
Saídas de emergência	X	X	X	X	X	X^1
Brigada de incêndio	X	X	X	X	X	X
Iluminação de emergência	X	X	X	X	X	X
Alarme de incêndio	X^3	X^3	X^3	X^3	X^3	X
Sinalização de emergência	X	X	X	X	X	X
Extintores	X	X	X	X	X	X
Hidrante e mangotinhos	X	X	X	X	X	X

Notas:
1 – Deve haver elevador de emergência para altura maior que 80 metros.
2 – Pode ser substituída por sistema de controle de fumaça somente nos átrios.
3 – Pode ser substituído pelo sistema de interfone, desde que cada apartamento possua um ramal ligado à central, que deve ficar em uma portaria com vigilância humana 24 horas, e tenha uma fonte autônoma, com duração mínima de 60 minutos.

---

6 Fonte: São Paulo (Estado). Decreto nº 56.819, de 10 de março de 2011. Institui o Regulamento de Segurança contra Incêndio das edificações e áreas de risco no Estado de São Paulo e dá providências correlatas. Diário Oficial do Estado de São Paulo, São Paulo, 2011.

Tabela 1.2 – Requisitos de segurança contra incêndio referentes a hotéis

Grupo de ocupação e uso	Grupo B – serviços de hospedagem					
Divisão	B-1 e B-2					
Medidas de segurança contra incêndio	Classificação quanto à altura (em metros)					
	Térrea	H≤6	6<H≤12	12<H≤23	23<H≤30	Acima de 30
Acesso de viatura à edificação	X	X	X	X	X	X
Segurança estrutural	X	X	X	X	X	X
Compartimentação horizontal (áreas)	—	X^1	X^1	X^2	X^2	X
Compartimentação vertical	—	—	—	X^3	X^3	X^7
Controle de materiais de acabamento	X	X	X	X	X	X
Saídas de emergência	X	X	X	X	X	X^9
Plano de emergência	—	—	—	—	X	X
Brigada de incêndio	X	X	X	X	X	X
Iluminação de emergência	X^4	X^1	X	X	X	X
Detecção de incêndio	—	$X^{4,5}$	X^5	X	X	X
Alarme de incêndio	X^6	X^6	X^6	X^6	X^6	X^6
Sinalização de emergência	X	X	X	X	X	X
Extintores	X	X	X	X	X	X
Hidrante e mangotinhos	X	X	X	X	X	X
Chuveiros automáticos	—	—	—	—	X	X
Controle de fumaça	—	—	—	—	—	X^8

Notas:
1 – Pode ser substituída por sistema de chuveiros automáticos.
2 – Pode ser substituída por sistema de detecção de incêndio e chuveiros automáticos.
3 – Pode ser substituída por sistema de controle de fumaça, detecção de incêndio e chuveiros automáticos, exceto para as compartimentações das fachadas e selagens dos *shafts* e dutos de instalações.
4 – Estão isentos os motéis que não possuem corredores internos de serviço.
5 – Os detectores de incêndio devem ser instalados em todos os quartos.
6 – Os acionadores manuais devem ser instalados nas áreas de circulação.
7 – Pode ser substituída por sistema de controle de fumaça, detecção de incêndio e chuveiros automáticos, até 60 metros de altura, exceto para as compartimentações das fachadas e selagens dos *shafts* e dutos de instalações, sendo que para altura superior se deve, adicionalmente, adotar as soluções contidas na ITCB-09.
8 – Acima de 60 metros de altura.
9 – Deve haver elevador de emergência para altura acima de 60 metros.

Tabela 1.3 – Requisitos de segurança contra incêndio referentes a edifícios comerciais

Grupo de ocupação e uso	Grupo C – comercial					
Divisão	C-1, C-2 e C-3					
Medidas de segurança contra incêndio	Classificação quanto à altura (em metros)					
	Térrea	H≤6	6<H≤12	12<H≤23	23<H≤30	Acima de 30
Acesso de viatura à edificação	X	X	X	X	X	X
Segurança estrutural contra incêndio	X	X	X	X	X	X
Compartimentação horizontal (áreas)	X^1	X^1	X^2	X^2	X^2	X^2
Compartimentação vertical	—	—	—	$X^{8,9}$	X^3	X^{10}
Controle de materiais de acabamento	X	X	X	X	X	X
Saídas de emergência	X	X	X	X	X	X^6
Plano de emergência	X^4	X^4	X^4	X^4	X	X
Brigada de incêndio	X	X	X	X	X	X
Iluminação de emergência	X^4	X^1	X	X	X	X
Detecção de incêndio	X^5	X^5	X^5	X^5	X^5	X
Alarme de incêndio	X	X	X	X	X	X
Sinalização de emergência	X	X	X	X	X	X
Extintores	X	X	X	X	X	X
Hidrante e mangotinhos	X	X	X	X	X	X
Chuveiros automáticos	—	—	—	—	X	X
Controle de fumaça	—	—	—	—	—	X^7

Notas:
1 – Pode ser substituída por sistema de chuveiros automáticos.
2 – Pode ser substituída por sistema de detecção de incêndio e chuveiros automáticos.
3 – Pode ser substituída por sistema de controle de fumaça, detecção de incêndio e chuveiros automáticos, exceto para as compartimentações das fachadas e selagens dos *shafts* e dutos de instalações.
4 – Para edificações de divisão C-3 (*shopping centers*).
5 – Somente para as áreas de depósitos superiores a 750 m².
6 – Deve haver elevador de emergência para altura maior que 60 metros.
7 – Acima de 60 metros de altura.
8 – Pode ser substituída por sistema de detecção de incêndio e chuveiros automáticos, exceto para as compartimentações das fachadas e selagens dos *shafts* e dutos de instalações.
9 – Deve haver controle de fumaça nos átrios, podendo ser dimensionados como padronizados conforme ITCB-15.
10 – Pode ser substituída por sistema de controle de fumaça, detecção de incêndio e chuveiros automáticos, até 60 metros de altura, exceto para as compartimentações das fachadas e selagens dos *shafts* e dutos de instalações, sendo que para altura superior se deve, adicionalmente, adotar as soluções contidas na ITCB-09.

Tabela 1.4 – Requisitos de segurança contra incêndio referentes a edifícios de escritórios

Grupo de ocupação e uso	Grupo D – serviços profissionais					
Divisão	D-1, D-2, D-3 e D-4					
Medidas de segurança contra incêndio	Classificação quanto à altura (em metros)					
	Térrea	H≤6	6<H≤12	12<H≤23	23<H≤30	Acima de 30
Acesso de viatura à edificação	X	X	X	X	X	X
Segurança estrutural contra incêndio	X	X	X	X	X	X
Compartimentação horizontal (áreas)	X^1	X^1	X^1	X^2	X^2	X
Compartimentação vertical	—	—	—	$X^{6,7}$	X^3	X^8
Controle de materiais de acabamento	X	X	X	X	X	X
Saídas de emergência	X	X	X	X	X	X^5
Plano de emergência	—	—	—	—	—	X^4
Brigada de incêndio	X	X	X	X	X	X
Iluminação de emergência	X	X	X	X	X	X
Detecção de incêndio	—	—	—	—	—	X
Alarme de incêndio	X	X	X	X	X	X
Sinalização de emergência	X	X	X	X	X	X
Extintores	X	X	X	X	X	X
Hidrante e mangotinhos	X	X	X	X	X	X
Chuveiros automáticos	—	—	—	—	—	X
Controle de fumaça	—	—	—	—	—	X^4

Notas:
1 – Pode ser substituída por sistema de chuveiros automáticos.
2 – Pode ser substituída por sistema de detecção de incêndio e chuveiros automáticos.
3 – Pode ser substituída por sistema de controle de fumaça, detecção de incêndio e chuveiros automáticos, exceto para as compartimentações das fachadas e selagens dos *shafts* e dutos de instalações.
4 – Edificações acima de 60 metros de altura.
5 – Deve haver elevador de emergência para altura maior que 60 metros.
6 – Pode ser substituída por sistema de detecção de incêndio e chuveiros automáticos, exceto para as compartimentações das fachadas e selagens dos *shafts* e dutos de instalações.
7 – Deve haver controle de fumaça nos átrios, podendo ser dimensionados como padronizados conforme ITCB-15.
8 – Pode ser substituída por sistema de controle de fumaça, detecção de incêndio e chuveiros automáticos, até 60 metros de altura, exceto para as compartimentações das fachadas e selagens dos *shafts* e dutos de instalações, sendo que para altura superior se deve, adicionalmente, adotar as soluções contidas na ITCB-09.

Tabela 1.5 – Requisitos de segurança contra incêndio referentes a edifícios escolares							
Grupo de ocupação e uso	Grupo E – educacional e cultural						
Divisão	E-1, E-2, E-3, E-4, E-5 e E-6						
Medidas de segurança contra incêndio	Classificação quanto à altura (em metros)						
	Térrea	H≤6	6<H≤12	12<H≤23	23<H≤30	Acima de 30
Acesso de viatura à edificação	X	X	X	X	X	X
Segurança estrutural contra incêndio	X	X	X	X	X	X
Compartimentação vertical	—	—	—	X^1	X^1	X^2
Controle de materiais de acabamento	X	X	X	X	X	X
Saídas de emergência	X	X	X	X	X	X^3
Plano de emergência	—	—	—	—	X	X
Brigada de incêndio	X	X	X	X	X	X
Iluminação de emergência	X	X	X	X	X	X
Detecção de incêndio	—	—	—	—	X	X
Alarme de incêndio	X	X	X	X	X	X
Sinalização de emergência	X	X	X	X	X	X
Extintores	X	X	X	X	X	X
Hidrante e mangotinhos	X	X	X	X	X	X
Chuveiros automáticos	—	—	—	—	—	X
Controle de fumaça	—	—	—	—	—	X^4

Notas:
1 – A compartimentação vertical será considerada para as fachadas e selagens dos *shafts* e dutos de instalações.
2 – Pode ser substituída por sistema de controle de fumaça, detecção de incêndio e chuveiros automáticos, até 60 metros de altura, exceto para as compartimentações das fachadas e selagens dos *shafts* e dutos de instalações, sendo que para altura superior se deve, adicionalmente, adotar as soluções contidas na ITCB-09.
3 – Deve haver elevador de emergência para altura maior que 60 metros.
4 – Acima de 60 metros de altura.

Princípios da segurança contra incêndio

2.1 Conceitos[1]

O objetivo fundamental da segurança contra incêndio é minimizar o risco à vida. As medidas de proteção empregadas para atingir esse objetivo conduzem também à redução da perda patrimonial.

Entende-se como risco à vida a exposição severa à fumaça ou ao calor dos usuários da edificação e o eventual desabamento de elementos construtivos sobre os usuários ou a equipe de combate. A principal causa de óbitos, em incêndio, é a exposição à fumaça, que ocorre nos primeiros momentos do sinistro (Tabela 2.1). Assim, a segurança à vida depende prioritariamente da rápida desocupação do ambiente em chamas. A compartimentação da edificação, minimizando a propagação do fogo, além do alerta rápido e rotas de fuga adequadamente projetadas é fundamental para atingir esse fim.

Tabela 2.1 – Causa de mortes em incêndio em edifícios		
País	Fumaça e calor	Outras causas
França	95%	5%
Alemanha	74%	26%
Países Baixos	90%	10%
Reino Unido	97%	3%
Suíça	99%	1%

Fonte: Plank, 1996.

Entende-se como perda patrimonial a destruição parcial ou total dos elementos construtivos da edificação, dos estoques, dos documentos, dos equipamentos ou dos acabamentos do edifício sinistrado ou da vizinhança.

---

1 Este capítulo é uma transcrição atualizada de Vargas; Silva (2005).

A inclusão de medidas de proteção e combate ao incêndio e, principalmente, de meios que permitam o rápido abandono dos ambientes em chamas deve ser conscientemente analisada pelo projetista e pelo proprietário, levando em conta as condições específicas da obra, como porte da edificação, número de usuários e tipo de utilização, além das exigências do poder público e das recomendações das normas técnicas para o projeto e a especificação de equipamentos.

Um sistema de segurança contra incêndio consiste em um conjunto de meios passivos e ativos.

A proteção passiva, segundo a ABNT NBR 14432:2001, é o conjunto de medidas incorporado ao sistema construtivo do edifício, sendo funcional durante o uso normal da edificação, que reage passivamente ao desenvolvimento do incêndio, não estabelecendo condições propícias ao seu crescimento e propagação, garantindo a resistência ao fogo e facilitando a fuga dos usuários, bem como a aproximação e o ingresso no edifício para o desenvolvimento das ações de combate.

São exemplos de proteção passiva: compartimentação horizontal, Figura 2.1 (vide Capítulo 3, Seção 3.3), compartimentação vertical, Figura 2.2 (vide Capítulo 3, Seção 3.3), separação entre edifícios, Figura 2.3 (vide Capítulo 4), rotas de fuga (incluindo escadas de emergência – vide Capítulo 5), uso de materiais de revestimento que minimizem a propagação das chamas (vide Capítulo 6) e resistência ao fogo das estruturas, Figura 2.4 (vide Capítulo 7, Seção 7.4).

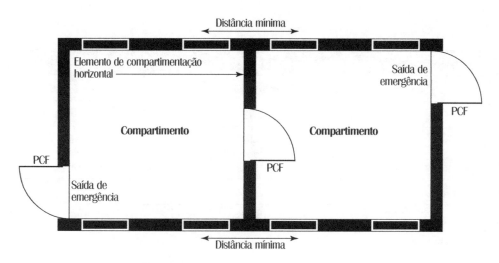

Figura 2.1 - Compartimentação horizontal.

A proteção ativa, segundo a ABNT NBR 14432:2001, é o tipo de proteção contra incêndio que é ativada manual ou automaticamente em resposta aos estímulos provocados pelo fogo. É composta, basicamente, pelas instalações de proteção contra incêndio, Figura 2.5 (por exemplo, extintores, rede de hidrantes, sistemas automáticos de detecção de calor ou fumaça, alarme, sistema de chuveiros automáticos, sistema de exaustão de fumaça e iluminação de emergência) e pela brigada contra incêndio. No Capítulo 8, são feitas breves considerações sobre exigências de proteção ativa.

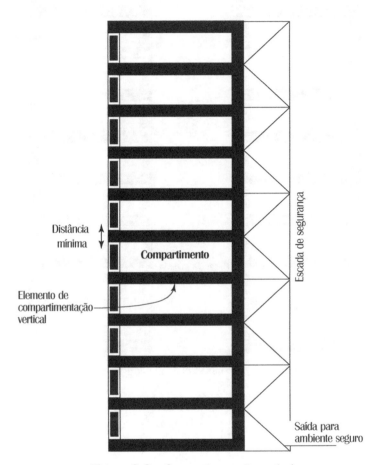

Figura 2.2 – Compartimentação vertical.

É da natureza do ser humano a tendência a exigir segurança em seu local de moradia e de trabalho. Eis porque a segurança contra incêndio deve ser considerada no projeto hidráulico, elétrico e arquitetônico. Atualmente, sabe-se que essa consideração deve ser estendida ao projeto de estruturas de edificações de maior porte ou risco de incêndio, em vista do fato de os materiais estruturais perderem capacidade resistente em situação de incêndio.

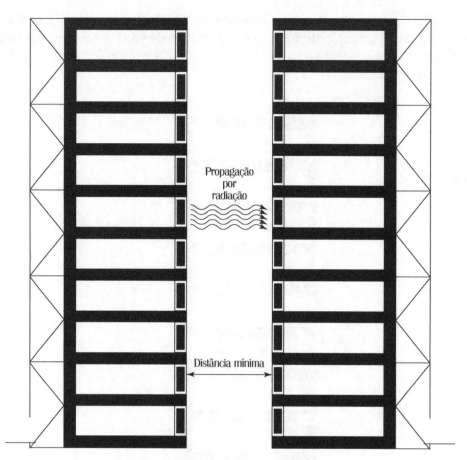

Figura 2.3 – Distância mínima entre fachadas.

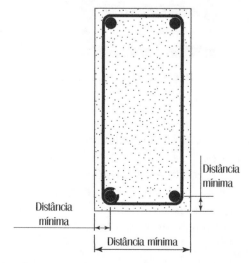

Figura 2.4 – A viga de concreto deve ter dimensões mínimas para resistir ao incêndio.

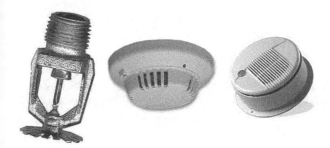

Figura 2.5 – Alguns dispositivos de proteção ativa.

2.2 Fatores que influenciam a severidade de um incêndio

Deve-se evitar que um incêndio, caso iniciado, torne-se incontrolável, pois, nessa situação, certamente ocorrerão perdas significativas.

O risco de início de incêndio, sua intensidade e duração estão associados a:

- atividade desenvolvida no edifício, tipo e quantidade de material combustível nele contido (mobiliário, equipamentos, revestimento), denominada carga de incêndio. Por exemplo, o risco de um grande incêndio em um depósito de tintas é maior que em uma indústria de processamento de papel;
- forma do edifício. Um edifício térreo com grande área de piso, sem compartimentação, pode representar um risco maior de incêndio do que um edifício com diversos andares de mesma atividade, subdividido em muitos compartimentos, que confinarão o incêndio;
- condições de ventilação do ambiente, ou seja, dimensões e posição das janelas, que estão associadas ao oxigênio, material comburente que alimentará a combustão;
- propriedades térmicas dos materiais constituintes das paredes e do teto. Quanto mais isolantes forem esses materiais, menor será a propagação do fogo para outros ambientes, porém, mais severo será o incêndio no compartimento;
- sistemas de segurança contra incêndio. A probabilidade de início e propagação de um incêndio é reduzida em edifícios nos quais existam sistema de chuveiros automáticos, detectores de fumaça, brigada contra incêndio, compartimentação adequada etc.
-

A Tabela 2.2 relaciona alguns meios de detecção e extinção de incêndio com a probabilidade do seu controle.

Tabela 2.2 – Efeito da extinção e da detecção automática

Meio de proteção	Probabilidade de o incêndio sair de controle
Corpo de Bombeiros	1:10
Chuveiros automáticos	1:50
Corpo de Bombeiros de alto padrão combinado com sistema de alarme	entre 1:10 e 1:1.000
Chuveiros automáticos com Corpo de Bombeiros de alto padrão	1:10.000

Fonte: Plank, 1996.

A intensidade do incêndio e as exigências de resistência ao fogo podem ser modificadas pelos fatores indicados na Tabela 2.5. As medidas de proteção contra incêndio devem ser regularmente inspecionadas pela brigada contra incêndio ou pelas autoridades locais. Isso influencia favoravelmente a segurança e o custo do seguro contra incêndio.

2.3 Fatores que influenciam a segurança do patrimônio

O instante em que ocorre a generalização do incêndio é denominado inflamação generalizada, internacionalmente conhecido como *flashover*. Esse instante é visível, pois além do rápido crescimento do incêndio, podem ocorrer explosões, rompimento de janelas etc.

Antes do *flashover*, geralmente não há o risco de colapso da estrutura, embora alguns danos locais ao conteúdo possam acontecer. Nesse período, não há risco à vida por desabamento estrutural, entretanto, pode havê-lo em decorrência do enfumaçamento.

Se o *flashover* ocorrer, o ambiente inteiro será envolvido pelo fogo, não se poderá esperar um controle bem-sucedido do incêndio e serão consideráveis as perdas monetárias causadas pelos danos ao edifício, tais como perda do conteúdo, interrupção da produção, danos aos edifícios vizinhos ou ao meio ambiente. A principal tarefa para garantir a segurança do imóvel é diminuir o risco do *flashover*.

O uso de dispositivos de segurança e a agilização da comunicação à brigada contra incêndio e ao Corpo de Bombeiros são importantes medidas a serem tomadas em edificações de porte, para minimizar o risco da inflamação generalizada.

Medidas que reduzem o risco de *flashover* e a propagação do incêndio são apresentadas na Tabela 2.5.

O colapso dos elementos estruturais em edifícios de um único pavimento tem pequena influência na perda do conteúdo, uma vez que isso já terá ocorrido em razão do fogo. A Tabela 2.3 mostra a relação entre o valor do benefício esperado e o custo do investimento em medidas de proteção para edifícios de um único pavimento. Valores maiores que 1 indicam saldo positivo e valores menores que 1 indicam que o investimento inicial não deve ser recuperado durante uma vida útil média de 20 anos.

As principais conclusões são que os sistemas de chuveiros automáticos e a resistência ao fogo das paredes de compartimentação, em edifícios com média e alta carga de incêndio, fornecem um saldo positivo e são mais importantes como medidas de proteção contra incêndio em edifícios de um único pavimento que a resistência ao fogo dos elementos estruturais. Esses valores não incluem as vantagens da ventilação combinada com a compartimentação. A ventilação reduz a alta pressão causada pelo fogo e contribui na capacidade das paredes de compartimentação para resistirem ao incêndio.

Tabela 2.3 – Relação entre o valor do benefício esperado e o custo do investimento

Medidas de proteção contra incêndio em edifícios térreos				
Carga de incêndio	Chuveiros automáticos	Ventilação do incêndio	Resistência ao fogo	
^	^	^	Estrutura	Paredes
Alta	4	0,8	0,1	10
Média	1	2,0	0,2	3
Baixa	0,1	0,6	0,03	0,8
Todas	1,3	1,2	0,1	4

Fonte: International Iron and Steel Institute – IISI, 1993.

Por outro lado, em edifícios de muitos andares, a resistência ao fogo das estruturas é mais importante, sobretudo para evitar danos ao conteúdo em outras partes do edifício, distantes do local do incêndio. É importante proteger esses conteúdos, tendo em vista que eles podem ter um valor monetário maior que os elementos estruturais do edifício.

2.4 Fatores que influenciam a segurança da vida

A probabilidade de acidente fatal em incêndios é comparativamente baixa conforme indicado na Tabela 2.4.

O tempo de desocupação de uma edificação em situação de incêndio é função da sua forma (altura, área, saídas etc.), da quantidade de pessoas e da mobilidade delas (idade, estado de saúde etc.). As medidas necessárias de segurança são diferentes quando aplicadas a edifícios altos em relação a edifícios térreos; a edifícios com alta densidade de pessoas, tais como escritórios, hotéis, lojas e teatros, em relação àqueles com poucas pessoas, tais como depósitos; a edifícios concebidos para habitação de pessoas de mobilidade limitada, tais como hospitais, asilos etc. e àqueles com ocupantes saudáveis.

O risco de morte ou ferimentos graves pode ser avaliado em termos do tempo necessário para alcançar níveis perigosos de fumaça ou gases tóxicos e temperatura, comparado ao tempo de escape dos ocupantes da área ameaçada. Isso significa que uma rota de fuga bem sinalizada, desobstruída e estruturalmente segura, é essencial na proteção da vida contra um incêndio.

Devem ser tomados os devidos cuidados para limitar a propagação da fumaça e do fogo, que pode afetar a segurança das pessoas em áreas distantes da origem do incêndio ou mesmo entre edifícios vizinhos.

Tabela 2.4 – Comparação estatística das fatalidades entre diferentes causas de acidentes

Risco	Probabilidade de acidente fatal por pessoa com estimativa de vida de 75 anos
Acidentes de trânsito	1:50
Incêndios em edifícios	1:1.500

Fonte: Plank, 1996.

Na Tabela 2.5 resumem-se os fatores que mais contribuem com a severidade do incêndio, segurança à vida e do patrimônio.

Tabela 2.5 – Resumo dos fatores e suas influências

Fatores	Severidade do incêndio	Segurança da vida	Segurança do patrimônio
Compartimentação	Quanto mais isolantes forem os elementos de compartimentação (pisos e paredes), menor será a propagação do fogo para outros ambientes, mas o incêndio será mais severo no compartimento.	A compartimentação limita a propagação do fogo, facilitando a desocupação da área em chamas para áreas adjacentes.	A compartimentação limita a propagação do fogo, restringindo as perdas e facilitando a atividade de combate ao incêndio.
Características da ventilação do compartimento	Em geral, o aumento da oxigenação faz aumentar a temperatura do incêndio e diminuir sua duração.	A ventilação mantém as rotas de fuga livres de níveis perigosos de enfumaçamento e toxicidade.	A ventilação facilita a atividade de combate ao incêndio por evacuação da fumaça e dissipação dos gases quentes.
Rotas de fuga seguras		Rotas de fuga bem sinalizadas, desobstruídas e seguras estruturalmente são essenciais para garantir a desocupação e dependem do tipo de edificação. Em um edifício industrial, térreo, aberto lateralmente, a rota de fuga é natural. Em um edifício de muitos andares, podem ser necessários escadas enclausuradas, elevadores de emergência etc.	
Tipo, quantidade e distribuição da carga de incêndio	A temperatura máxima de um incêndio depende da quantidade, do tipo e da distribuição do material combustível no edifício.	O nível do enfumaçamento, toxicidade e calor depende da quantidade, do tipo e da distribuição do material combustível no edifício.	O conteúdo do edifício é consideravelmente afetado por incêndios de grandes proporções.
Resistência ao fogo das estruturas	A resistência ao fogo das estruturas de concreto ou aço, por serem incombustíveis, não afeta a severidade do incêndio. Às vezes, o desmoronamento de parte da edificação (coberturas, por exemplo) aumenta a oxigenação e reduz a duração do incêndio.	A resistência ao fogo das estruturas tem pequeno efeito para a segurança à vida em edifícios de pequena altura ou área, por serem de fácil desocupação. No caso de edifícios altos, é essencial prever a resistência ao fogo, indicada na legislação, a fim de permitir a segurança da desocupação para as operações de combate e a vizinhança.	A resistência ao fogo dos elementos estruturais é fundamental para sua estabilidade. Além do próprio custo das estruturas, deve-se considerar o conteúdo, em locais distantes da região mais atingida pelo incêndio, que poderão ser afetados por um colapso global da estrutura, e o patrimônio da vizinhança.

Tabela 2.5 – Resumo dos fatores e suas influências (*continuação*)

Fatores	Severidade do incêndio	Segurança da vida	Segurança do patrimônio
Reserva de água	Água e disponibilidade de pontos de suprimento são necessárias para extinção do incêndio, diminuindo os riscos de propagação e seus efeitos à vida e ao patrimônio.		
Detecção de calor ou fumaça	A rápida detecção do incêndio, apoiada na eficiência da brigada contra incêndio e do Corpo de Bombeiros, reduz o risco de sua propagação.	A rápida detecção do início do incêndio, por meio de alarme, dá aos ocupantes rápido aviso da ameaça, antecipando a desocupação.	A rápida detecção do início de um incêndio minimiza o risco de propagação, reduzindo a região afetada pelo incêndio.
Chuveiros automáticos	Projeto adequado e manutenção de sistema de chuveiros automáticos são internacionalmente reconhecidos como um dos principais fatores de redução do risco de incêndio, pois contribuem, ao mesmo tempo, para a compartimentação, a detecção e a extinção.	Chuveiros automáticos limitam a propagação do incêndio e reduzem a geração de fumaça e gases tóxicos.	Chuveiros automáticos reduzem o risco de incêndio e seu efeito na perda patrimonial.
Hidrantes e extintores	Hidrantes, extintores e treinamento dos usuários da edificação, para rápido combate, reduzem o risco de propagação do incêndio e seu efeito ao patrimônio e à vida humana.		
Brigada contra incêndio bem treinada	A presença de pessoas treinadas para prevenção e combate reduz o risco de início e propagação de um incêndio.	Além de reduzir o risco de incêndio, a brigada coordena e agiliza a desocupação da edificação.	A presença da brigada contra incêndio reduz o risco e as consequentes perdas patrimoniais decorrentes de um incêndio.
Corpo de Bombeiros	Proximidade, acessibilidade e recursos do Corpo de Bombeiros otimizam o combate ao incêndio, reduzindo o risco de propagação.	Em grandes incêndios, o risco à vida é maior nos primeiros instantes. Dessa forma, deve haver medidas de proteção, independente da presença do Corpo de Bombeiros. Um rápido e eficiente combate por parte do CB reduz o risco à vida.	Proximidade, acessibilidade e recursos do Corpo de Bombeiros facilitam as operações de combate ao incêndio, reduzindo perdas estruturais e do conteúdo.

Fonte: Vargas; Silva (2005).

3 Compartimentação

Na história da humanidade houve incêndios famosos tais como os ocorridos nas cidades de Roma em 64 d.C., Londres em 1666, Chicago em 1871 etc. Nessa época, as edificações eram contíguas e, em grande parte, de madeira e as ruas eram estreitas. Acredita-se que esses incêndios não se repetirão em suas características, especialmente a propagação, nas cidades atuais. Isso decorre da moderna urbanização e, sobretudo, da presença do automóvel. Esse meio de transporte contribuiu para que houvesse cidades com ruas e avenidas hierarquizadas e o consequente afastamento entre blocos de edificações, impedindo, assim, a propagação de incêndios por grandes áreas (GILL et al., 2008).

Em época mais recente ocorreram também grandes incêndios, mas restritos a uma edificação. São exemplos: Teatro Iraquois, em 1903, em Chicago, Ópera Rhodes, em 1908, na Pensilvânia, Lake View, em 1908, em Cleveland, Triangle Shirtwaist, em 1911, em Nova York, Gran Circo Norte-americano, em 1961, em Niterói, edifício Andraus, em 1972, na cidade de São Paulo, edifício Joelma, em 1974, na cidade de São Paulo. Esses edifícios não tinham sistemas adequados de segurança contra incêndio, como a compartimentação.

Na atualidade, adotando-se as devidas medidas de proteção contra incêndio, o número de incêndios catastróficos diminuiu. Além disso, caso haja incêndio, ele não deve se propagar além do local de origem, ou seja, deve ficar restrito ao compartimento em que se iniciou.

A compartimentação de uma edificação é um dos principais meios de segurança contra incêndio. Uma vez iniciado o incêndio em um compartimento, deve-se evitar que ele se propague para outros.

3.1 Compartimento

Compartimento é a edificação ou parte dela, compreendendo um ou mais cômodos, espaços ou pavimentos, construídos para evitar a propagação do incêndio de dentro para fora de seus limites, incluindo a propagação entre edifícios adjacentes, quando aplicável.

Elementos de compartimentação são os elementos construtivos que vedam o compartimento e devem possuir, simultaneamente, capacidade de isolamento térmico (Seção 3.1.1), estanqueidade (Seção 3.1.2) e serem seguros estruturalmente (Capítulo 7, Seção 7.4) por um determinado tempo. Em códigos de segurança contra incêndio ou normas brasileiras, são apresentados os tempos mínimos que esses elementos devem resistir. Esse é o tempo requerido de resistência ao fogo (TRRF) do elemento construtivo (Capítulo 7, Seção 7.4.1).

3.1.1 Isolamento térmico

Para o TRRF, isolamento térmico é a capacidade de um elemento construtivo para limitar a passagem de calor através de sua espessura, a fim de evitar a ignição de um incêndio além do compartimento (Figura 3.1). Isso é demonstrado via experimental ou teórica por meio de procedimentos normatizados. Segundo as normas brasileiras ABNT NBR 5628 e ABNT NBR 10636, o elemento é considerado isolante se tiver a capacidade de impedir a ocorrência, na face que não está exposta ao incêndio, de incrementos de temperatura maiores que 140 °C na média dos pontos de medida ou maiores que 180 °C em qualquer ponto de medida.

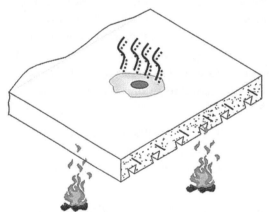

Figura 3.1 – Quebra do isolamento térmico.
Fonte: Costa, 2008.

3.1.2 Estanqueidade

Para o TRRF, estanqueidade é a capacidade de um elemento construtivo para impedir a ocorrência de rachaduras ou aberturas, através das quais possam passar chamas e gases quentes (Figura 3.2). Isso é demonstrado via experimental por meio de procedimento normatizado pela ABNT NBR 10636. Esse procedimento consiste em observar a ocorrência de fissuras durante o ensaio de uma laje, parede, porta corta fogo ou outros elementos laminares. Aproxima-se um chumaço de algodão da fissura. Caso esse se ignize, o ensaio é encerrado e registrado o tempo de resistência ao fogo do elemento ensaiado.

Compartimentação

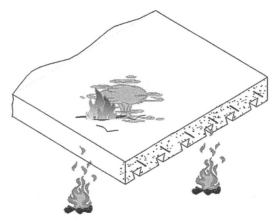

Figura 3.2 – Quebra da estanqueidade.
Fonte: Costa, 2008.

A Tabela 3.1 fornece o tempo de resistência ao fogo em função das características de algumas paredes ensaiadas.

Tabela 3.1 – Resistência ao fogo para alvenarias

Paredes ensaiadas		Espessura total da parede (cm)	Resistência ao fogo (h)
Parede de tijolos de barro cozido (1)	Meio tijolo sem revestimento	10	1,5
	Um tijolo sem revestimento	20	≥ 6
	Meio tijolo com revestimento	15	4
	Um tijolo com revestimento	25	> 6
Parede de blocos vazados de concreto – 2 furos (2)	Bloco de 14 cm sem revestimento	14	1,5
	Bloco de 19 cm sem revestimento	19	1,5
	Bloco de 14 cm com revestimento	17	2
	Bloco de 19 cm com revestimento	22	3
Paredes de tijolos cerâmicos de 8 furos (3)	Meio tijolo com revestimento	13	2
	Um tijolo com revestimento	23	> 4

(1) Dimensões nominais dos tijolos: 5 cm × 10 cm × 20 cm, massa = 1,5 kg. Traço em volume da argamassa do assentamento: 1 × 5 cal/areia, espessura média = 1 cm. Espessura de argamassa de revestimento (cada face) = 2,5 cm.
(2) Dimensões nominais dos tijolos: 14 cm × 19 cm × 39 cm e 19 cm × 19 cm × 39 cm; massa = 13 kg e 17 kg. Traço em volume da argamassa do assentamento: 1 × 1 × 8 cimento/cal/areia, espessura média = 1 cm. Espessura de argamassa de revestimento (cada face) = 1,5 cm.

(3) Dimensões nominais dos tijolos: 10 cm × 20 cm × 20 cm; massa = 2,9 kg. Traço em volume da argamassa do assentamento: 1 × 4 cal/areia, espessura média = 1 cm. Espessura de argamassa de revestimento (cada face) = 1,5 cm.
(4) Traço em volume de argamassa de revestimento: chapisco 1 × 3 cal/areia; embosco 1 × 2 × 9 cimento/cal/areia.
(5) As paredes ensaiadas são sem função estrutural, totalmente vinculadas, dentro da estrutura de concreto armado, com dimensões 2,8 m × 2,8 m totalmente expostas ao fogo (em uma face).
Fonte: CBPMESP. IT8, 2011.

A Tabela 3.2 fornece a espessura mínima de lajes ou elementos laminares de concreto em função do TRRF para a garantia do isolamento térmico.

Tabela 3.2 – Espessura mínima de lajes de concreto para garantia de isolamento térmico

TRRF min	h mm
30	60
60	80
90	100
120	120
180	150

Fonte: ABNT NBR 15200:2012.

3.2 Compartimentação vertical

A compartimentação vertical é aquela que impede a propagação vertical de gases ou calor de um pavimento para o imediatamente superior. É uma das medidas mais eficientes para a segurança contra incêndio. Ela é também essencial no cálculo das estruturas em incêndio.

A compartimentação vertical inclui:

- Fachada com parapeito-verga ou marquise/aba, construídos com material incombustível e dimensões mínimas, a fim de evitar que o fogo propagado para fora da edificação retorne ao pavimento superior e o ignize (Seção 3.2.2).

- Enclausuramento de escadas de emergência por intermédio de paredes e portas corta fogo (PCF), que devem respeitar o tempo requerido de resistência ao fogo (TRRF) da estrutura da edificação (Capítulo 5, Seção 5.2) com um mínimo de 120 mim (IT8, 2011);

- Lajes com espessura mínima de forma a respeitar o isolamento e a estanqueidade (Tabela 3.2), ou seja, evitar que o calor se transfira através da espessura da laje e o pavimento superior se ignize;

- Selagem (*firestops*) para vedar toda e qualquer ligação vertical entre pavimentos, tais como passagem de tubulações, dutos, *shafts* etc. (Seções 3.2.1 e 3.4)

3.2.1 Selagem

Os selos corta fogo são dispositivos construtivos com tempo mínimo de resistência ao fogo, instalados nas passagens de eletrodutos e tubulações que cruzam as paredes ou lajes de compartimentação.

Dampers são dispositivos de fechamento móvel instalados na abertura de um duto ou *shaft* e controlados automática ou manualmente, utilizados para interromper a passagem de fluido dentro do referido duto.

A selagem deve ser eficiente tanto na região de contato dos dutos com os elementos de compartimentação (Figura 3.3), quanto na própria tubulação, prevendo-se que ela poderá ser destruída em incêndio.

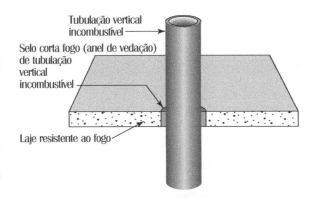

Figura 3.3 a – Esquema de selagem de dutos.
Fonte: Costa; Silva; Ono, 2005.

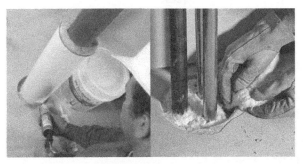

Figura 3.3 b – Exemplos de selagem de dutos e *shafts*.
Fonte: Hilti, 2012.

Na Seção 3.4 deste livro serão fornecidas mais informações sobre selagem.

3.2.2 Fachada

As fachadas têm importante papel como elemento de compartimentação, pois, ao mesmo tempo, devem impedir que o fogo se transfira para os pavimentos superiores na mesma edificação, assim como impedir que ele se propague entre edifícios vizinhos. Em incêndio, admite-se que os vidros se quebrem, portanto, as janelas se tornam aberturas por onde o fogo e a fumaça podem passar.

Segundo a IT9 (2011), a distância mínima entre aberturas no sentido vertical deve ser de 1,20 m (Figuras 3.4 e 3.6). Não havendo parapeitos, deverá haver marquises/abas de fachada com, no mínimo, 0,90 m (Figura 3.5). Para efeito de compartimentação vertical externa das edificações de baixo risco (até 300 MJ/m², por exemplo, edifícios residenciais e escolas), podem ser somadas as dimensões da aba horizontal e a distância da verga até o piso da laje superior, totalizando o mínimo de 1,20 m, conforme a Figura 3.7.

As fachadas como elementos de compartimentação devem ter, no mínimo, o mesmo tempo requerido de resistência ao fogo (TRRF) da estrutura (vide Capítulo 7, Seção 7.4), não podendo ser inferior a 60 minutos, conforme IT8 (2011). As fachadas de edifícios vizinhos devem ser suficientemente afastadas, de forma que o fogo não se propague entre edifícios (vide Capítulo 4).

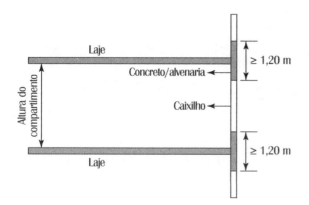

Figura 3.4 – Dimensão mínima de parapeito-verga para minimizar a propagação vertical.

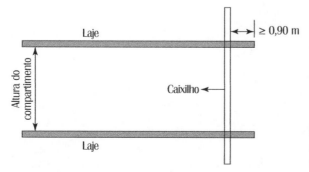

Figura 3.5 – Dimensão mínima de marquise/aba para minimizar a propagação vertical.

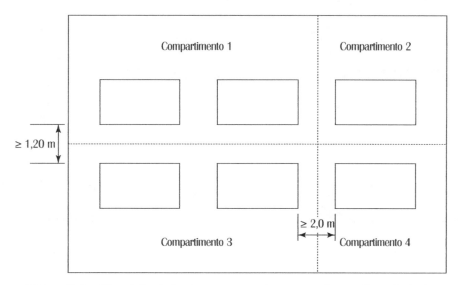

Figura 3.6 – Disposição de janelas para garantir a compartimentação na fachada.

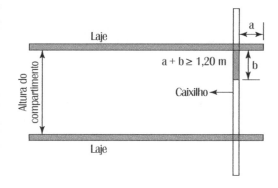

Figura 3.7 – Composição entre aba e verga-peitoril para edificações de baixo risco.

Em edifícios com átrios ou recuos, para manter a compartimentação, as fachadas "internas" também devem obedecer às distâncias mínimas (Capítulo 4, Figura 4.5) a fim de evitar a propagação do fogo.

3.2.3 Fachada-cortina

Além da fachada de alvenaria, se houver uma cortina de vidro, as aberturas entre a fachada-cortina e os elementos de vedação devem receber selos corta fogo em todo o perímetro, conforme a Figura 3.8 a. Essa selagem é necessária, pois, nesse caso, mesmo que haja a proteção do parapeito-verga de 1,20 m, a fumaça, ao sair pela abertura, encontra a fachada de vidro e, enquanto essa fachada não se quebrar, o efeito chaminé forçará a fumaça a subir em direção à fachada de alvenaria, podendo se transferir ao pavimento superior, conforme Figura 3.8 b.

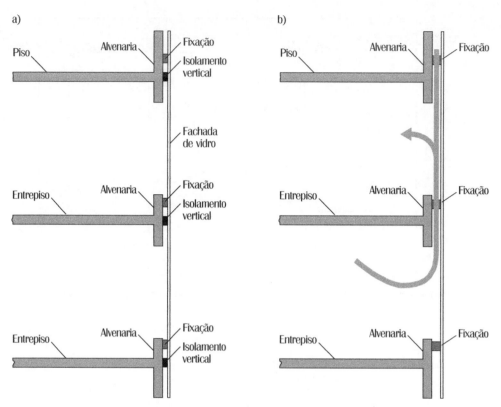

Figura 3.8 – Selagem em fachadas de vidro: (a) com selagem (exigido), (b) sem selagem.
Fonte: CBPMESP. IT9, 2011.

3.2.4 Legislação

Conforme a legislação do Estado de São Paulo (SP, 2011), a compartimentação vertical é exigida para edifícios residenciais, de escritórios ou hotéis e outras ocupações listadas na Tabela 3.3, para alturas de incêndio superiores a 12 m, exceto para hospitais em que a altura mínima é de 6 m. Nessa mesma tabela apresenta-se um resumo das alternativas à compartimentação vertical em função da altura da edificação. A Tabela 3.3 deve ser entendida como uma referência. Para projeto, o Decreto n.º 56.819 (SP, 2011) deve ser consultado.

Tabela 3.3 – Substituições da compartimentação vertical conforme Decreto n.º 56.819

Uso/ocupação (vide Anexo A)	Altura de incêndio em metros			
	12<h≤23	23<h≤30	30<h≤60	h>60
A – Residencial	Nota 1	Nota 1	Nota 1	Nota 1
B – Serviços de hospedagem (por exemplo, hotéis)	Nota 5	Nota 5	Nota 5	Nota 6
C – Comercial (por exemplo, lojas, shoppings, supermercados)	Nota 4	Nota 5	Nota 5	Nota 6
D – Serviços profissionais (por exemplo, escritórios, bancos)	Nota 4	Nota 5	Nota 5	Nota 6
E – Educacional e cultural (por exemplo, escolas)	Nota 2	Nota 2	Nota 5	Nota 6
F1 – Locais de reunião pública, onde há objetos de valor inestimável (por exemplo, museus, bibliotecas)	Nota 3	Nota 4	Nota 5	Nota 6
F2 – Locais de reunião pública-religiosa e velório (por exemplo, igrejas, sala de funerais)	Nota 2	Nota 4	Nota 5	Nota 6
F3/F9 – Locais de reunião pública (por exemplo, centros esportivos, recreação pública, zoológicos, parques)	Nota 2	Nota 2	Nota 8	Nota 8
F4 – Locais de reunião pública (por exemplo, terminais de passageiros)	Nota 2	Nota 5	Nota 8	Nota 8
F5/F6/F8 – Locais de reunião pública (por exemplo, auditórios, boates, clubes, restaurantes)	Nota 4	Nota 4	Nota 8	Nota 8
G1 a G4 – Serviço automotivo e assemelhados (por exemplo, garagens sem ou com abastecimento, oficinas)	Nota 2	Nota 2	Nota 2	Nota 2
H2 – Saúde – locais que exigem cuidados especiais (por exemplo, asilos, hospitais psiquiátricos)	Nota 4	Nota 5	Nota 5	Nota 6
H3 – Saúde (por exemplo, hospitais)	Nota 5 Obs.: Entre 6 m e 12 m – nota 7			Nota 6
H5 – Locais onde a liberdade das pessoas sofre restrições (por exemplo, manicômios, prisão)	Nota 8	Nota 8	Nota 8	Nota 8

Tabela 3.3 – Substituições da compartimentação vertical conforme Decreto n.º 56.819 (*continuação*)

Uso/ocupação (vide Anexo A)	Altura de incêndio em metros			
	12<h≤23	23<h≤30	30<h≤60	h>60
H6 – Saúde (por exemplo, clínicas, consultórios)	Nota 4	Nota 5	Nota 5	Nota 6
I1 a I2 – Edifícios industriais com carga de incêndio específica inferior a 1.200 MJ/m²	Nota 8	Nota 8	Nota 8	Nota 8
J1 – Depósitos de material incombustível	Nota 2	Nota 2	Nota 8	Nota 8
J2 a J4 – Depósitos em geral	Nota 5	Nota 5	Nota 8	Nota 8

Notas:
1 – Pode ser substituída por sistema de controle de fumaça somente nos átrios.
2 – Somente a compartimentação de fachadas e selagem de *shafts* e dutos de instalações.
3 – Pode ser substituída por sistema de chuveiros automáticos, exceto para as compartimentações das fachadas e selagens dos *shafts* e dutos de instalações.
4 – Pode ser substituída por sistema de detecção de incêndio e chuveiros automáticos, exceto para as compartimentações das fachadas e selagens dos *shafts* e dutos de instalações; deve haver controle de fumaça nos átrios.
5 – Pode ser substituída por sistema de controle de fumaça, detecção de incêndio e chuveiros automáticos, exceto para a compartimentação de fachadas e selagem de *shafts* e dutos de instalações.
5 – Pode ser substituída por sistema de controle de fumaça, detecção de incêndio e chuveiros automáticos e demais soluções contidas na IT9, exceto para as compartimentações das fachadas e selagens dos *shafts* e dutos de instalações.
7 – Exigido para selagens dos *shafts* e dutos de instalações.
8 – Não é permitida qualquer substituição.
Fonte: Decreto nº 56.819, de 10 de março de 2011 (SP, 2011).

3.2.5 Exceção à compartimentação vertical

Exceção à compartimentação vertical, ou seja, a quebra da compartimentação (Figura 3.9) é permitida em alguns casos pela IT9 (2011). Além das substituições permitidas pelo Decreto n.º 56819 (SP, 2011), a IT9 (2011) permite a interligação de até três pavimentos consecutivos, por intermédio de átrios, escadas, rampas de circulação ou escadas rolantes, desde que o somatório de áreas de piso desses pavimentos não ultrapasse os valores estabelecidos para a compartimentação horizontal de áreas, conforme a Tabela 3.4. Essa exceção não se aplica às compartimentações das fachadas, às selagens dos *shafts* e aos dutos de instalações.

Apesar de o Corpo de Bombeiros aceitar a substituição ou interligação de pavimentos, ou seja, a quebra de compartimentação vertical, em alguns casos, essa solução deve ser bem analisada do ponto de vista econômico. Se, por um lado, pode conduzir a soluções arquitetônicas mais interessantes, por outro, pode encarecer a estrutura.

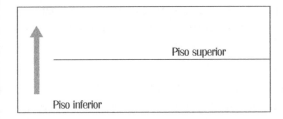

Figura 3.9 – Exceção à compartimentação vertical.

Ao se quebrar a compartimentação vertical, o compartimento em que ocorre o incêndio passa a envolver dois ou mais pavimentos, portanto, haverá mais carga de incêndio em um mesmo compartimento. Isso poderá inviabilizar a redução do TRRF conforme o método do tempo equivalente (Capítulo 7, Seção 7.8), encarecendo a estrutura. O arquiteto e o engenheiro devem analisar as vantagens e desvantagens de se quebrar a compartimentação vertical.

Uma alternativa para se manter a mesma carga de incêndio anterior à quebra da compartimentação vertical pode ser a criação de uma compartimentação horizontal, conforme a Figura 3.10. É necessário lembrar que a alvenaria inserida deve ser um elemento de compartimentação, portanto, ter porta corta fogo (caso haja portas) e todas as eventuais passagens de cabos ou tubulação devem ser seladas.

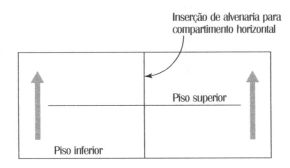

Figura 3.10 – Criação de compartimentação horizontal para viabilizar a quebra de compartimentação vertical.

3.3 Compartimentação horizontal

A compartimentação horizontal é aquela que impede a propagação horizontal entre compartimentos no mesmo pavimento. Limita a propagação do fogo, restringindo as perdas e facilitando a atividade de combate ao incêndio.

A compartimentação horizontal inclui:

- Paredes com características (material e espessura) de forma a respeitar o isolamento e a estanqueidade conforme o TRRF (Tabela 3.1).
- Porta corta fogo conforme o TRRF.

- Distância mínima de 2 m entre aberturas para o exterior dos compartimentos (Figura 3.6). Como alternativa, para minimizar a propagação horizontal pela fachada, podem ser adotadas abas verticais de, no mínimo, 0,90 m, conforme a Figura 3.11.

- Selagem (*firestops*) para vedar toda e qualquer ligação horizontal entre pavimentos, tais como passagem de tubulações, dutos, *shafts* etc. A selagem deve ser eficiente tanto no contato dos dutos com os elementos de compartimentação (Figura 3.12) quanto na própria tubulação, caso ela seja destruída em incêndio (Figura 3.13). Na seção 3.4 deste livro são fornecidas mais informações sobre selagem.

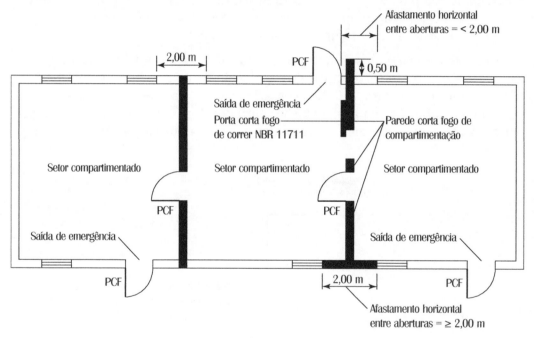

Figura 3.11 – Dimensões mínimas para garantir a compartimentação horizontal.
Fonte: CBPMESP. IT9, 2011.

Compartimentação

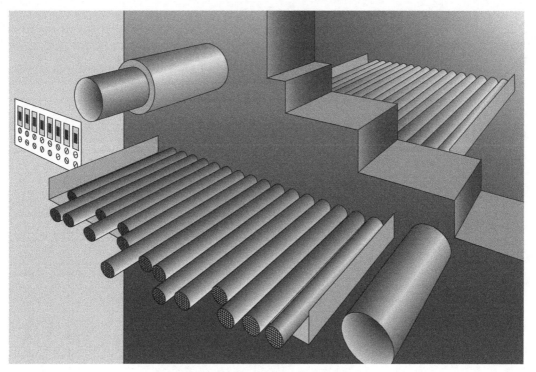

Figura 3.12 – Exemplo de selagens.
Fonte: Hilti, 2008.

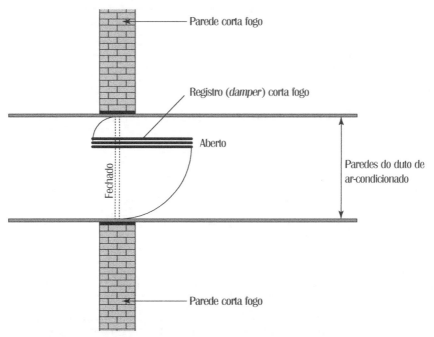

Figura 3.13 – Exemplos de selagem (*damper*) de dutos e *shafts*.
Fonte: Costa; Silva; Ono, 2005.

3.3.1 Legislação

Segundo a IT9 (2011), as áreas máximas para compartimentos (compartimentação horizontal) são aquelas indicadas na Tabela 3.4, em função do uso da edificação. No Anexo A, apresenta-se a classificação das edificações quanto ao seu uso.

Tabela 3.4 – Áreas máximas para compartimentos

Grupos (Anexo A)	Um pavimento	h ≤ 6	6 < h ≤ 12	12 < h ≤ 23	23 < h ≤ 30	h > 30
A-1, A-2, A-3	–	–	–	–	–	–
B-1, B-2	–	5.000	4.000	3.000	2.000	1.500
C-1, C-2	5.000	3.000	2.000	2.000	1.500	1.500
C-3	5.000	2.500	1.500	1.000	2.000	2.000
D-1, D-2, D-3, D-4	5.000	2.500	1.500	1.000	800	2.000
E-1, E-2, E-3, E-4, E-5, E-6, E-7	–	–	–	–	–	–
F-1, F-2, F-3, F-4, F-7, F-9	–	–	–	–	–	–
F-5, F-6	5.000	4.000	3.000	2.000	1.000	800
F-8	–	–	–	2.000	1.000	800
F-10	5.000	2.500	1.500	1.000	1.000	800
G-1, G-2, G-3, G-5	–	–	–	–	–	–
G-4	10.000	5.000	3.000	2.000	1.000	1.000
H-1, H-2, H-4, H-5	–	–	–	–	–	–
H-3	–	5.000	3.000	2.000	1.500	1.000
H-6	5.000	2.500	1.500	1.000	800	2.000
I-1, I-2	–	10.000	5.000	3.000	1.500	2.000
I-3	7.500	5.000	3.000	1.500	1.000	1.500
J-1	–	–	–	–	–	–
J-2	10.000	5.000	3.000	1.500	2.000	1.500
J-3	4.000	3.000	2.000	2.500	1.500	1.000
J-4	2.000	1.500	1.000	1.500	750	500

Fonte: CBPMESP. IT9, 2011.

Em algumas situações, é possível substituir a compartimentação horizontal pela inclusão de chuveiros automáticos ou detecção, em função da altura da edificação, conforme a Tabela 3.5. A Tabela 3.5 deve ser entendida como uma referência. Para projeto, deve ser consultado o Decreto n.º 56.819 (SP, 2011).

Tabela 3.5 – Dispositivos que permitem substituir a compartimentação horizontal

Uso/ocupação (vide Anexo A)	Térreo	h ≤ 6	6 < h ≤ 12	12 < h ≤ 23	23 < h ≤ 30	h ≥ 30
B – Serviços de hospedagem (por exemplo, hotéis)	Nota 3	Nota 1	Nota 1	Nota 2	Nota 2	Nota 4
C – Comercial (por exemplo, lojas, shoppings, supermercados)	Nota 1	Nota 1	Nota 2	Nota 2	Nota 2	Nota 2
D – Serviços profissionais (por exemplo, escritórios, bancos)	Nota 1	Nota 1	Nota 1	Nota 2	Nota 2	Nota 4
F5/F6 – Locais de reunião pública (por exemplo, auditórios, boates, clubes)	Nota 2	Nota 2	Nota 2	Nota 2	Nota 4	Nota 4
F8 – Locais de reunião pública (por exemplo, restaurantes)	Nota 3	Nota 3	Nota 3	Nota 2	Nota 2	Nota 4
F10 – Locais de reunião pública (por exemplo, centro de exposições)	Nota 1	Nota 1	Nota 1	Nota 1	Nota 4	Nota 4
G4 – Serviço automotivo e assemelhados (por exemplo, oficinas)	Nota 1	Nota 1	Nota 1	Nota 1	Nota 4	Nota 4
H3 – Saúde (por exemplo, hospitais)	Nota 3	Nota 1	Nota 1	Nota 1	Nota 1	Nota 4
H6 – Saúde (por exemplo, clínicas, consultórios)	Nota 1	Nota 1	Nota 1	Nota 2	Nota 2	Nota 4
I1 a I2 – Edifícios industriais	Nota 3	Nota 1	Nota 1	Nota 1	Nota 1	Nota 1
I3 – Edifícios industriais	Nota 1	Nota 1	Nota 1	Nota 1	Nota 4	Nota 4
J2 a J4 – Depósitos em geral	Nota 1	Nota 1	Nota 1	Nota 1	Nota 1	Nota 4

Notas:
1 – Pode ser substituída por sistema de chuveiros automáticos.
2 – Pode ser substituída por sistema de detecção de incêndio e chuveiros automáticos.
3 – Compartimentação horizontal não exigida.
4 – Não é permitida qualquer substituição.

3.4 Selagem corta fogo

O projeto de arquitetura e as selagens a serem instaladas na obra precisam estar compatíveis, pois a ausência de alguma delas pode resultar na quebra da compartimentação prevista em projeto.

Nas seções 3.2 e 3.3 deste livro, referiu-se a selagens para efetivar uma compartimentação vertical ou horizontal. Nesta seção, o assunto será um pouco mais aprofundado.

Uma selagem, que é um sistema corta fogo, deverá ter características necessárias para vedar e manter a vedação de maneira eficiente ao longo da vida útil da construção. Os produtos para essa proteção passiva vedam passagens, juntas construtivas ou aberturas para dutos.

A Figura 3.14 apresenta várias aplicações que podem ser necessárias quando a compartimentação é exigida.

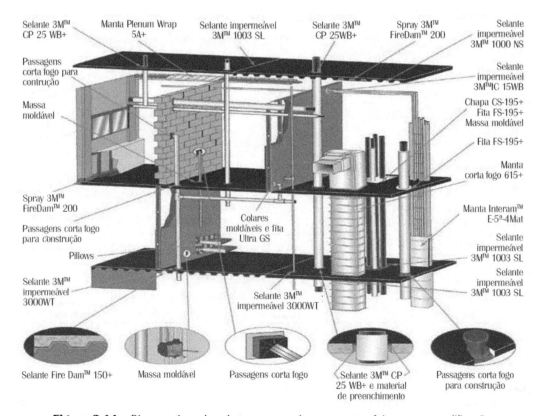

Figura 3.14 – Diversos tipos de selagens que podem ser necessários em uma edificação.
Fonte: Imagem cedida pela 3M.

Compartimentação

Na grande maioria das obras, há tubos metálicos ou plásticos atravessando *shafts*, paredes ou lajes dos edifícios. A legislação prevê que tubos plásticos devem ser protegidos com produtos corta fogo. No mercado, há fitas intumescentes (por exemplo, CP 648-E, da Hilti) que, ao entrar em contato com as chamas, se intumescem e lacram a abertura impedindo que os gases e as chamas atravessem o local. Sua instalação é ilustrada na Figura 3.14. Inicialmente, há a limpeza da abertura, em seguida, envolve-se o tubo com a fita intumescente, respeitando o número necessário de voltas para garantir a vedação. No final da instalação, aplica-se um selante, caso ainda existam aberturas visíveis.

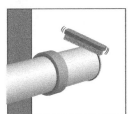 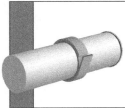 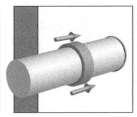 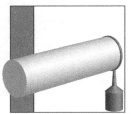

Figura 3.15 – Instalação da fita intumescente.
Fonte: Hilti (adaptada).

Na Figura 3.16, observa-se a instalação final.

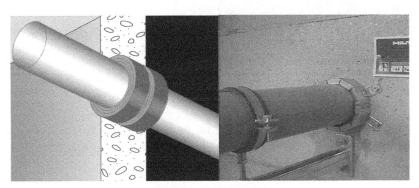

Figura 3.16 – Fita intumescente.
Fonte: Hilti (adaptada).

Essas fitas podem ser empregadas com placas de lã de rocha revestidas (por exemplo, o sistema CP673, da Hilti). A forma de instalação das placas está apresentada na Figura 3.17. Inicia-se com a limpeza da abertura e, em seguida, pinta-se (ou já se adquire pintada) a placa, recorta-se a placa de modo a adequá-la aos recortes da abertura, finalmente, preenchem-se todas as aberturas com elastômero, que também será usado para acabamento. Na Figura 3.18, a instalação final do selante.

Figura 3.17 – Instalação da selagem corta fogo.
Fonte: Hilti (adaptada).

Figura 3.18 – Selagem de uma abertura para passagem de cabos.
Fonte: Imagem cedida pela Hilti.

A selagem pode ser feita também por meio de travesseiros intumescentes, conforme apresentado na Figura 3.19, massas intumescentes moldáveis, conforme a Figura 3.20, ou colares moldáveis, conforme a Figura 3.21.

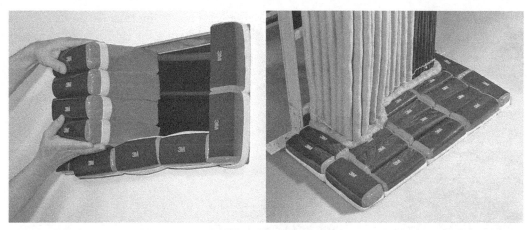

Figura 3.19 – Selagem por meio de travesseiros intumescentes.
Fonte: Imagens cedidas pela 3M.

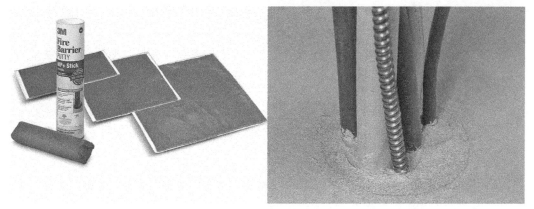

Figura 3.20 – Selagem por meio de massas intumescentes moldáveis.
Fonte: Imagens cedidas pela 3M.

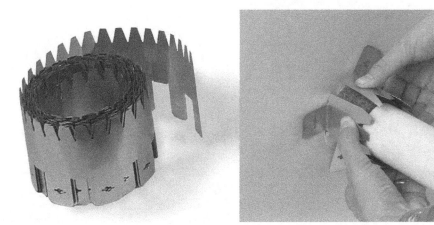

Figura 3.21 – Selagem por meio de colares moldáveis.
Fonte: Imagens cedidas pela 3M.

Após a obra pronta, é possível que haja necessidade da instalação de novos cabos, na mesma passagem já protegida. Nesse caso, deve-se ter muito cuidado para não destruir a selagem existente. As novas furações devem ser feitas com cuidado e, após a passagem dos cabos, vedadas novamente.

Todas as frestas e passagens de cabos ou tubulações devem ser vedadas (Figura 3.22).

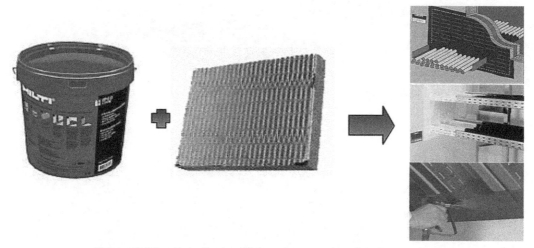

Figura 3.22 – Vedação de orifícios para passagem de tubos e cabos.
Fonte: Hilti (adaptada).

As juntas de construção ou contatos entre dois elementos construtivos devem ser adequadamente vedados (Figuras 3.23 e 3.24).

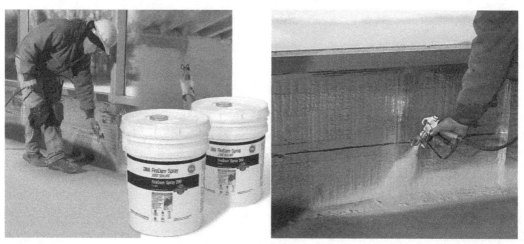

Figura 3.23 – Selagem de frestas.
Fonte: Imagens cedidas pela 3M.

Quando o selante estiver em contato com um elemento sujeito a deformações ao ser aquecido, seja um elemento vertical que se encurva ou a laje que, em decorrência da flecha excessiva, se afasta da parede, o produto tem de ter flexibilidade adequada para acompanhar essa deformação e impedir que se solte da passagem a ser protegida (Figura 3.24).

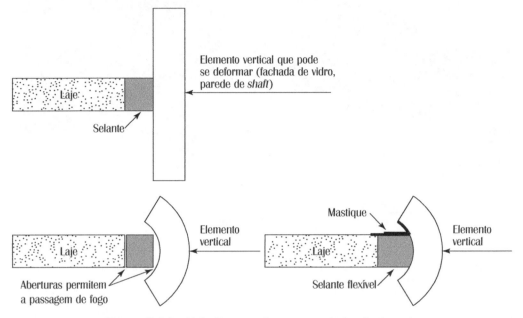

Figura 3.24 – Vedação entre elementos verticais e horizontais.

Uma pele de vidro se movimenta muito, mesmo quando não há um incêndio, isso ocorre por conta das mudanças de temperatura, movimentação do terreno e do próprio edifício. É possível, antes mesmo de a obra ser entregue, ocorrer rachaduras e trincas nos produtos corta fogo inadequadamente instalados. No caso de incêndio, a fumaça e os gases tóxicos passam por essas trincas e rachaduras e quebram a compartimentação vertical. O mesmo problema pode ocorrer, em menores proporções, nos fechamentos dos *shafts*. O arquiteto deve conversar com o engenheiro para identificar o tipo de produto a usar, se rígido ou flexível, este resiste à movimentação dos elementos construtivos. Encontram-se no mercado produtos que atendem a todos os fins. Há placas de lã de rocha de baixa densidade com revestimento elastomérico, que permitem movimentação sem trincas, conforme a Figura 3.25.

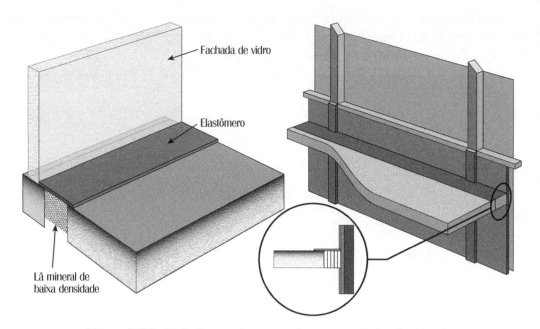

Figura 3.25 – Vedação corta fogo entre elementos verticais e horizontais.
Fonte: Hilti (adaptada).

Para a proteção de dutos, há, por exemplo, os cobertores endotérmicos, conforme a Figura 3.26.

Figura 3.26 – Cobertores para proteção contra fogo.
Fonte: Imagens cedidas pela 3M.

Mais informações sobre produtos e aplicação podem ser obtidas com os fabricantes aqui mencionados ou outros disponíveis no mercado.

4 Separação entre edifícios (isolamento de risco)

Quando dois edifícios estão com as fachadas muito próximas, as aberturas em incêndio (janelas com os vidros quebrados) se transformam em painéis radiantes e pode haver propagação do edifício sob incêndio para o outro (Figura 4.1).

Dois edifícios são considerados isolados quanto ao risco de incêndio, ou seja, há isolamento do risco de incêndio entre eles, ou quando estão separados por parede corta fogo (Figura 4.2), ou quando são suficientemente distantes (Figura 4.3). Nesses casos, para fins de previsão das exigências de medidas de segurança contra incêndio, uma edificação é considerada independente em relação à vizinha.

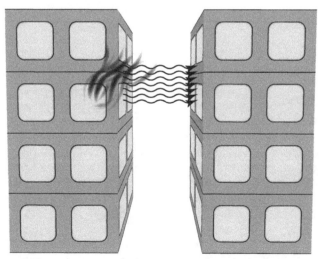

Figura 4.1 – Propagação de fogo entre fachadas próximas.
Fonte: CBPMESP. IT7, 2011.

Segundo a IT7 (2011), a parede corta fogo deve ultrapassar 1,00 m a cobertura do edifício que se pretende isolar. Sua estrutura deve ser desvinculada da estrutura das edificações adjacentes. A parede corta fogo deve ser capaz de permanecer ereta quando a estrutura do telhado entrar em colapso. A parede corta fogo não deve possuir nenhum tipo de abertura, mesmo que protegida. O TRRF deve ser igual a 120 minutos, e a distância entre janelas das duas edificações deve ser de, no mínimo, 2 m ou a parede corta fogo deve se estender 90 cm conforme pode ser visto na Figura 4.2.

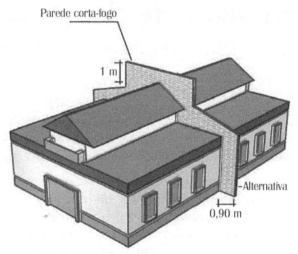

Figura 4.2 – Edifícios isolados por parede corta fogo.
Fonte: CBPMESP. IT7, 2011.

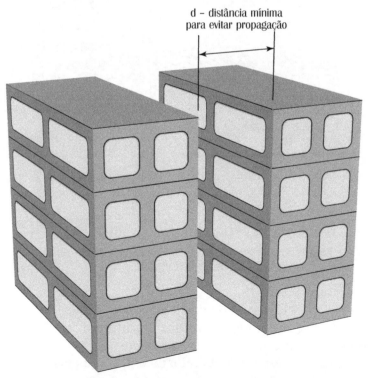

Figura 4.3 – Edifícios isolados por distância.
Fonte: CBPMESP. IT7, 2011.

Como alternativa, o isolamento pode ser conseguido por uma distância de segurança entre os dois edifícios. Segundo a IT7 (2011), essa distância ("d" da Figura 4.3) é determinada por meio do procedimento detalhado no Anexo B.

Esse mesmo procedimento pode ser usado em eventuais fachadas internas do próprio edifício.

Como exemplo, na Figura 4.4 tem-se um átrio aberto na parte inferior de um edifício constituído por duas torres. A distância entre as fachadas das duas torres deve ter um valor mínimo para impedir a propagação de fogo entre elas. Como uma das fachadas que tem janelas é de um *shopping* e sem compartimentação vertical entre os pisos, mesmo a outra fachada sendo cega, caso a distância seja inferior à mínima, deve-se incluir uma porta corta fogo nas entradas das passarelas que unem as duas torres.

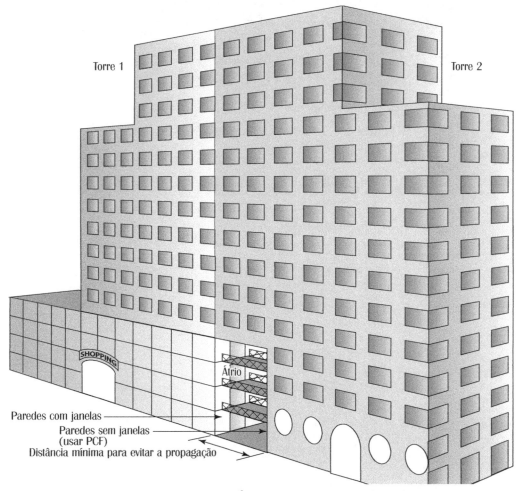

Figura 4.4 – Átrio em uma edificação.

Em outro exemplo, na Figura 4.5, nota-se um recuo na fachada em alguns andares do edifício. As fachadas também devem respeitar a distância mínima a fim de evitar a propagação. Além disso, se esse recuo for fechado na fachada frontal (mesmo com vidro) e na cobertura, ele se transformará em um átrio fechado que conterá a fumaça, beneficiando a propagação para os pavimentos superiores, mesmo que haja parapeitos de 1,20 m. Essa solução arquitetônica deve ser revista.

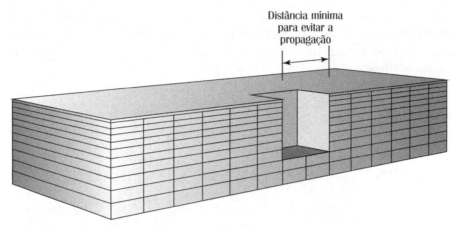

Figura 4.5 – Detalhe na fachada de uma edificação.

5 Escadas de emergência

A principal medida para a segurança da vida humana em incêndio é o projeto prever a rápida desocupação da população.

Em edificações de múltiplos pisos há necessidade de escadas de emergência. Elas podem ser não enclausuradas, enclausuradas (também conhecidas como enclausuradas protegidas) ou à prova de fumaça.

Todas elas devem respeitar, entre outras (vide IT11, 2011), as seguintes exigências:

- ser constituídas com material incombustível tanto para a estrutura quanto para a compartimentação;
- atender às condições específicas estabelecidas na IT10 (2011) – Controle de materiais de acabamento e de revestimento;
- ser dotadas de corrimãos em ambos os lados;
- ter pisos antiderrapantes;
- ser dimensionadas (largura, patamares, degraus) adequadamente (vide IT11, 2011; ABNT NBR 9077:2001).

No caso de edificações térreas, a desocupação é mais fácil. No entanto, em recintos com grande público (boates, circos etc.) ou com público que tenha dificuldades de mobilidade (hospitais, escolas para deficientes, presídios etc.), é importante um estudo minucioso sobre dimensões, quantidade e distância entre saídas de emergência, com base na legislação vigente (código de obras municipais, instruções técnicas do Corpo de Bombeiros, normas ABNT) e no bom senso. Deve haver sinalização visível através da fumaça e a total desobstrução dos caminhos que levam à parte externa da edificação.

5.1 Tipos de escadas

5.1.1 Escada não enclausurada protegida

Em edificações de fácil desocupação, as escadas de emergência podem ser não enclausuradas (NE), também conhecidas por comum ou simples, conforme Tabela 5.1.

5.1.2 Escada enclausurada protegida

Escada enclausurada protegida (EP) é a escada devidamente ventilada, situada em ambiente envolvido por paredes corta fogo e dotada de portas resistentes ao fogo, conforme a Figura 5.1.

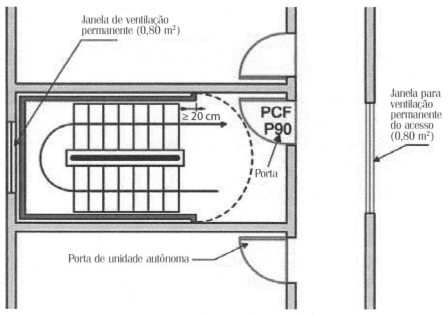

Figura 5.1 – Escada enclausurada protegida — EP.
Fonte: CBPMESP. IT11, 2011.

5.1.3 Escada enclausurada à prova de fumaça

Escada enclausurada à prova de fumaça (PF) é a escada cuja caixa é envolvida por paredes corta fogo e dotada de portas corta fogo, em que o acesso é por antecâmara igualmente enclausurada ou local aberto, de modo a evitar fogo e fumaça em caso de incêndio, conforme a Figura 5.2.

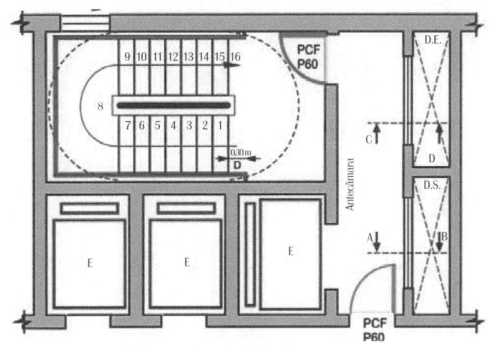

Figura 5.2 – Escada enclausurada à prova de fumaça — PF.
Fonte: CBPMESP. IT11, 2011.

5.1.4 Escada à prova de fumaça pressurizada

Há ainda a escada à prova de fumaça pressurizada (PFP), cuja condição de estanqueidade à fumaça é obtida por meio de pressurização. Segundo a IT11 (2011) e a ABNT NBR 9077:2001, uma escada à prova de fumaça pressurizada pode dispensar a antecâmara.

5.1.5 Legislação

Há regulamentos oficiais que devem ser seguidos para se determinar o tipo e o número de escadas de emergência. São os códigos de obra municipais (por exemplo, em São Paulo, o Código de Obras (COE, 1992), as Instruções Técnicas dos Corpos de Bombeiros ou a norma brasileira ABNT NBR 9077:2001 – Saídas de emergência em edifícios).

Na Tabela 5.1 apresentam-se os tipos de escadas recomendados pela IT11 (2011) em função da ocupação. Para as edificações listadas na Tabela 5.1, com h ≤ 6 m, a escada pode ser não enclausurada (NE).

Tabela 5.1 – Tipos de escadas de emergência por ocupação				
Grupo (Anexo A)	Divisão (Anexo A)	\multicolumn{3}{c}{Altura em metros}		
		$6 < h \leq 12$	$12 < h \leq 30$	$h > 30$
A	A-1	NE	—	—
	A-2	NE	EP	PF*
	A-3	NE	EP	PF
B	B-1, B-2	EP	EP	PF
C	C-1	NE	EP	PF
	C-2	NE	PF	PF
	C-3	EP	PF	PF
D	—	NE	EP	PF
E	E-1 a E-6	NE	EP	PF
F	F-1	NE	EP	PF
	F-2	EP	PF	PF
	F-3 a F-5	NE	EP	PF
	F-6	EP	PF	PF
	F-7	EP	EP	PF
	F-8	EP	PF	PF
	F-9, F-10	EP	EP	PF
G	G-1, G-2	NE	EP	EP
	G-3 a G-5	NE	EP	PF
H	H-1	NE	EP	EP
	H-2, H-3	EP	PF	PF
	H-4 a H-6	NE	EP	PF

*Para pavimentos com área inferior a 750 m² e h ≤ 50 m, a escada pode ser EP.
NE = escada não enclausurada (comum ou simples).
Fonte: CBPMESP. IT11, 2011.

5.2 Resistência ao fogo

Nas escadas enclausuradas, o fogo não pode atingir a região dos degraus, pois traria riscos de morte aos usuários, portanto, essa região não sofrerá ação do fogo. Nas escadas simples (não enclausuradas), permitidas em edificações de baixa altura, admite-se que a desocupação ocorrerá antes de o calor atingir a escada.

Por essas razões, as estruturas das escadas de emergência não necessitam verificação de resistência ao fogo.

Entretanto, as estruturas suportes das vedações (elementos de compartimentação) da escada, que ficam frente ao fogo, necessitam ser verificadas em situação de incêndio, conforme a Figura 5.3.

Os elementos de compartimentação das escadas de emergência (paredes corta fogo) devem respeitar o tempo requerido de resistência ao fogo (TRRF) da estrutura da edificação (Tabela 7.3) com um mínimo de 120 mim (IT8, 2011). As portas corta fogo (PCF) devem ter TRRF igual a 90 min nas escadas enclausuradas protegidas (EP) e 60 min nas escadas enclausuradas à prova de fumaça (PF), conforme as Figuras 5.1 e 5.2.

O conceito de "resistência ao fogo" será mais bem explicado no Capítulo 7, Seção 7.4.

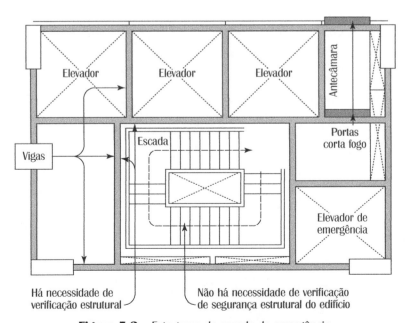

Figura 5.3 – Estruturas da escada de emergência.
Fonte: Vargas; Silva, 2005.

6 Materiais de revestimento

Um elemento construtivo pode ser analisado sob o aspecto da sua resistência ao fogo e da sua reação ao fogo.

Resistência ao fogo trata-se da capacidade de um elemento construtivo de suportar os efeitos de um incêndio sem deixar de exercer suas funções de estanqueidade, isolamento térmico e estabilidade.

Reação ao fogo trata-se das características de combustão de elementos incorporados aos revestimentos e acabamentos, como a velocidade de propagação do fogo na superfície de um dado material, a quantidade de calor necessária para iniciar a ignição, a quantidade de fumaça gerada etc. (SILVA; VARGAS; ONO, 2010).

Segundo a IT10 (2011), materiais de revestimento são todos os materiais ou conjunto de materiais empregados nas superfícies dos elementos construtivos das edificações, tanto nos ambientes internos como nos externos, com finalidades de atribuir características estéticas, de conforto, de durabilidade etc. Os materiais de acabamento são todos os materiais ou conjunto de materiais utilizados como arremates entre elementos construtivos (rodapés, mata-juntas, golas etc.).

Uma vez iniciado um incêndio, ele tende a se propagar através da carga de incêndio (mobiliário, equipamentos etc.) que envolve também os revestimentos e acabamentos de teto, parede e piso. Os materiais utilizados nos acabamentos e revestimentos são de extrema importância para a segurança contra incêndio, pois dependendo de sua composição, podem contribuir em maior ou menor grau na evolução do fogo.

As características de reação ao fogo que devem ser avaliadas nesses materiais são: velocidade de propagação superficial das chamas, quantidade e densidade de fumaça desenvolvida, quantidade de calor desenvolvido e toxicidade. Na fase inicial de desenvolvimento do incêndio, os materiais de acabamento e revestimento instalados em paredes e forro são mais susceptíveis do que aqueles instalados em pisos, podendo contribuir de forma significativa para a evolução do fogo, por estarem em posições que favoreçam a sua ignição e combustão.

É importante, então, que o arquiteto pense na segurança do edifício desde a concepção da estrutura até a escolha dos materiais de acabamento dos ambientes. Ensaios realizados em laboratório podem determinar as características necessárias para a escolha correta dos materiais (SILVA; VARGAS; ONO, 2010).

Os fabricantes dos materiais devem fornecer os índices exigidos nas ITs dos Corpos de Bombeiros.

A IT10 (2011) requer o controle de materiais de acabamento e de revestimento. Esse controle não é exigido nas edificações com área menor ou igual a 750 m² e altura menor ou igual a 12 m dos grupos/divisões: A, C, D, E, G, F-9, F-10, H-1, H-4 e H-6.

A título de exemplo, apresentam-se as Tabelas 6.1 a 6.3. Mais informações devem ser procuradas na IT10 (2011).

Tabela 6.1 – Classe dos materiais a serem utilizados considerando o grupo/divisão da ocupação/uso em função da finalidade do material superficial

Grupo/Divisão	Finalidade/material		
	Piso (acabamento[1]/ revestimento)	Parede/divisória (acabamento[2]/ revestimento)	Teto e forro (acabamento/ revestimento)
A3 e condomínios residenciais	Classes: I, IIA, IIIA, IVA ou VA[3]	Classes: I, IIA, IIIA ou IVA[4]	Classes: I, IIA ou IIIA[5]
B, D, E, G, H	Classes: I, IIA, IIIA ou IVA	Classes: I, IIA ou IIIA[6]	Classes: I ou IIA
C, F	Classes: I, IIA, IIIA ou IVA	Classes: I ou IIA	Classes: I ou IIA

Notas:
1 – Incluem-se aqui cordões, rodapés e arremates.
2 – Excluem-se aqui portas, janelas, cordões e outros acabamentos decorativos com área inferior a 20% da parede onde estão aplicados.
3 – Exceto para revestimentos que serão Classe I, II-A, III-A ou IV-A.
4 – Exceto para cozinhas que serão Classe I ou II-A.
5 – Exceto para revestimentos que serão Classe I, II-A ou III-A.
6 – Exceto para revestimentos que serão Classe I ou II-A.

Tabela 6.2 – Classificação dos materiais, exceto revestimentos de piso

Classe	Material	Índice de propagação superficial de chama (IP) conforme ABNT NBR 9442 (1988)	Densidade específica ótica máxima (DM) conforme ASTM E 662 (2012)
I	Incombustível	—	—
IIA	Combustível	$IP \leq 25$	DM ≤ 450
IIIA	Combustível	$25 < IP \leq 75$	
IVA	Combustível	$75 < IP \leq 150$	
VA	Combustível	$150 < IP \leq 400$	

Tabela 6.3 – Classificação dos materiais de revestimento de piso

Classe	Material	Fluxo crítico (FC) conforme ABNT NBR 8660 (1984) – em revisão	Tempo FS conforme ISO 11925-2 (2010)	Densidade específica ótica máxima (DM) conforme ASTM E 662 (2012)
I	Incombustível	—	—	—
IIA	Combustível	FC ≥ 8,0 kW/m²	FS ≤ 150 mm em 20 s	DM ≤ 450
IIIA	Combustível	FC ≥ 4,5 kW/m²		
IVA	Combustível	FC ≥ 3,0 kW/m²		
VA	Combustível			

Notas:
FC – Fluxo crítico – Fluxo de energia radiante necessário à manutenção da frente de chama no corpo de prova.
FS – Tempo em que a frente da chama leva para atingir a marca de 150 mm indicada na face do material ensaiado.

Ainda segundo a IT10 (2011):

- os materiais de acabamento e de revestimento das fachadas das edificações devem enquadrar-se entre as Classes I e II-B;

- os materiais de acabamento e de revestimento das coberturas de edificações devem enquadrar-se entre as Classes I e III-B, exceto para os grupos/divisões C, F5, I-2, I-3, J-3 e J-4, que devem enquadrar-se entre as Classes I e II-B;

- os materiais isolantes termoacústicos não aparentes, que podem contribuir para o desenvolvimento do incêndio, como espumas plásticas protegidas por materiais incombustíveis, lajes mistas com enchimento de espumas plásticas protegidas por forro ou revestimentos aplicados diretamente, forros em grelha com isolamento termoacústico envoltos em filmes plásticos e assemelhados, devem enquadrar-se entre as Classes I e II-A, quando aplicados junto ao teto/forro ou paredes, exceto para os grupos/divisões A2, A3 e condomínios residenciais, que serão Classe I, II-A ou III-A quando aplicados nas paredes;

- os materiais isolantes termoacústicos aplicados nas instalações de serviço, em redes de dutos de ventilação e ar-condicionado e em cabines ou salas de equipamentos, aparentes ou não, devem enquadrar-se entre as Classes I e II–A;

- os componentes construtivos em que não são aplicados revestimentos ou acabamentos em razão de já se constituírem em produtos acabados, incluindo-se

- divisórias, telhas, forros, painéis em geral, face inferior de coberturas, entre outros, também estão submetidos aos critérios da Tabela 6.1;
- determinados componentes construtivos que podem expor-se ao incêndio em faces não voltadas para o ambiente ocupado, como é o caso de pisos elevados, forros, revestimentos destacados do substrato, devem atender aos critérios da Tabela 6.1 para ambas as faces;
- os materiais de proteção de elementos estruturais, com seus revestimentos e acabamentos, devem atender aos critérios dos elementos construtivos em que estão inseridos, ou seja, de tetos para as vigas e de paredes para pilares;
- os materiais empregados em subcoberturas com finalidades de estanqueidade e de conforto termoacústico devem atender aos critérios da Tabela 6.1, aplicados a tetos e à superfície inferior da cobertura, mesmo que escondidos por forro;
- as coberturas de passarelas e os toldos, instalados no pavimento térreo, estarão dispensados do CMAR, desde que não apresentem área superficial superior a 50,00 m^2 e a área de cobertura não possua materiais incombustíveis;
- as circulações (corredores) que dão acesso às saídas de emergência enclausuradas devem possuir CMAR Classe I ou Classe II – A (Tabelas 6.2 e 6.3), e as saídas de emergência (escadas, rampas etc.), Classe I ou Classe II – A, com Dm ≤ 100 (Tabelas 6.2 e 6.3);
- os materiais utilizados como revestimento, acabamento e isolamento termoacústico no interior dos poços de elevadores, monta-cargas e *shafts*, devem ser enquadrados na Classe I ou Classe II – A, com Dm ≤ 100 (Tabelas 6.2 e 6.3);
- os materiais enquadrados na categoria II, por meio da NBR 9442, ou que não sofrem a ignição no ensaio executado de acordo com a UBC 26-3, podem ser incluídos na Classe II-A, dispensando a avaliação por meio da ASTM E662, desde que sejam submetidos especialmente ao ensaio de acordo com a UBC 26-3 e, nos primeiros cinco minutos desse ensaio, ocorra o desprendimento de todo o material do substrato ou ele se solte da estrutura que o sustenta e, mesmo nessa condição, o material não sofra a ignição.

7 Segurança das estruturas em situação de incêndio

Os materiais estruturais perdem resistência mecânica a altas temperaturas. Na Figura 7.1, pode ser vista a redução da resistência dos materiais. Nessa figura, a resistência relativa é o valor da resistência mecânica dos materiais a alta temperatura, dividido pelo valor da resistência à temperatura ambiente, ou seja:

$$\text{Resistência relativa} = \frac{\text{Resistência em incêndio}}{\text{Resistência à temperatura ambiente}}.$$

Ainda na Figura 7.1, o material aço é aquele utilizado tanto em perfis estruturais, quanto nas armaduras de concreto armado.

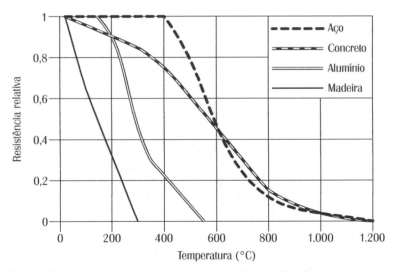

Figura 7.1 – Variação da resistência dos materiais em função da temperatura.

Um incêndio severo pode atingir 1.000 °C ou mais, e o calor será transferido para as estruturas. Apesar de a temperatura nos materiais ser inferior à do incêndio, ela poderá ser muito alta, portanto, se não houver uma proteção das estruturas, as resistências dos materiais estruturais serão muito reduzidas e incapazes de suportar os esforços na situação de um incêndio.

Assim, é importante conhecer o campo de temperaturas que a estrutura atingirá em incêndio, que dependerá, obviamente, da temperatura dos gases no compartimento em chamas, ou seja, da temperatura do incêndio.

7.1 Transferência de calor

A diferença de temperaturas entre os gases no compartimento em chamas e os elementos estruturais provoca um fluxo de calor, isto é, uma transferência de calor para as estruturas. Essa transferência de calor pode ser decomposta em transferência por radiação e por convecção. A transferência de calor internamente às estruturas é denominada de condução.

7.1.1 Radiação

Radiação é o processo pelo qual o calor flui na forma de propagação de ondas de um corpo em alta temperatura para outro em temperatura mais baixa. Ao aproximar a mão de uma lâmpada, sente-se calor, mesmo no vácuo, em virtude do fluxo radiante (Figura 7.2). Em um compartimento, a radiação é proveniente dos gases quentes, das chamas e das paredes aquecidas.

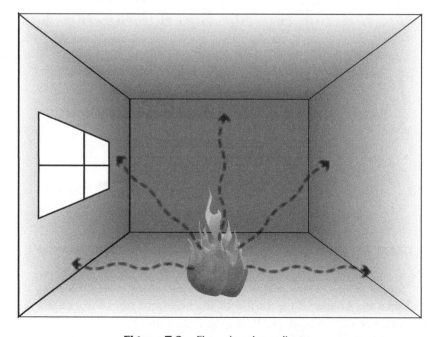

Figura 7.2 – Fluxo de calor radiante.

7.1.2 Convecção

Convecção é o processo pelo qual o calor flui, envolvendo movimentação de mistura de fluido, principalmente entre sólidos e fluidos. Decorrente da diferença de densidades entre os gases com diferentes temperaturas no ambiente em chamas, eles se movimentam e tocam os elementos construtivos transferindo-lhes calor (Figura 7.3).

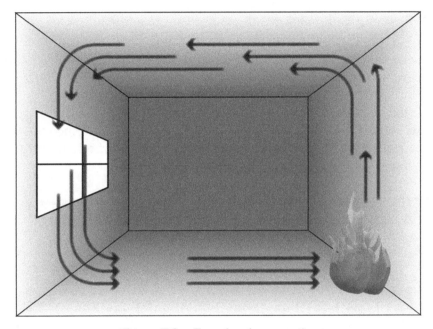

Figura 7.3 – Fluxo de calor convectivo.

7.1.3 Condução

Condução é o processo pelo qual o calor se transfere no interior dos sólidos decorrente da movimentação e dos choques das moléculas que constituem os sólidos. Os elementos estruturais, ao serem aquecidos em alguma região, transferem calor para as demais regiões por condução. Se o incêndio fosse de duração extremamente longa e de temperatura constante, todas as regiões das estruturas atingiriam a mesma temperatura do incêndio. Felizmente não é o que ocorre.

O aquecimento devido aos incêndios tem um tempo relativamente curto de ação nas estruturas (minutos ou no máximo poucas horas), e a temperatura é variável no tempo, após o aquecimento há o resfriamento natural do compartimento.

7.2 Temperatura do incêndio

A temperatura dos gases quentes em um incêndio varia com o tempo e depende de muitas variáveis. As principais são a carga de incêndio e o grau de ventilação.

7.2.1 Carga de incêndio

A carga de incêndio é a soma dos potenciais caloríficos de todos os materiais internos ao compartimento, envolvendo mobiliário, revestimentos e outros materiais combustíveis e, eventualmente, até a estrutura (madeira).

Potencial calorífico é a grandeza que representa a quantidade de energia térmica contida em um determinado material e é medida em megajoule (MJ). Geralmente, é fornecido de forma específica, ou seja, potencial calorífico por unidade de massa (medido em MJ/kg) conforme a Tabela 7.1. A IT14 (2011) fornece uma tabela mais completa de potenciais caloríficos. O potencial calorífico dos materiais não tem um valor tão preciso como os tabelados, por isso, pode haver diferenças entre as Tabelas 7.1 e a IT14 (2011), em função da forma de medição.

Tabela 7.1 – Potencial calorífico específico (H)

Tipo de material	H (MJ/kg)	Tipo de material	H (MJ/kg)	Tipo de material	H (MJ/kg)
ABS (plástico)	40	gasolina, diesel, petróleo	45	pneumático	30
álcool	30	lã	20	polietileno	40
algodão, roupas	20	madeira	17,5	polipropileno	40
asfalto, betume	40	palha, cortiça	20	poliuretano	25
carvão	30	papel	20	PVC	20
couro	20	poliéster	30	seda	20

Fonte: Eurocode 1, 2002.

O valor da carga de incêndio pode ser determinado ou por medição ou tomando-se valores padronizados. Determinar por medição significa avaliar a massa (kg) de cada material interno ao compartimento e multiplicar pelo seu respectivo potencial calorífico específico (MJ/kg). O resultado final será a carga de incêndio. A unidade do Sistema Internacional para carga de incêndio é em megajoule (MJ), que é unidade de energia, significando a energia térmica contida na carga de incêndio de um compartimento e que pode ser desprendida em um incêndio, alimentando-o. Por exemplo, tome-se uma mesa de madeira de 20 kg arquivando 5 kg de papel. A carga de incêndio desse móvel será:

$$20 \text{ kg} \times 17{,}5 \text{ MJ/kg} + 5 \text{ MJ} \times 20 \text{ MJ/kg} = 450 \text{ MJ}$$

A carga de incêndio específica é o valor da carga de incêndio em um compartimento dividido pela área de piso do compartimento. Portanto, sua unidade de medida será em megajoule por metro quadrado (MJ/m^2).

Como alternativa, quando possível, a carga de incêndio específica pode ser determinada por meio de tabelas padronizadas. Na Tabela 7.2, apresentam-se alguns valores padronizados de carga de incêndio específica.

Tabela 7.2 – Valores de cargas de incêndio específicas[1]

Ocupação/uso	Descrição	Carga de incêndio específica (MJ/m^2)
Residencial	Apartamentos, casas térreas, sobrados, pensionatos	300
Serviços de hospedagem	Hotéis, motéis, apart-hotéis	500
Comercial varejista	Automóveis	200
	Drogarias	1.000
	Livrarias	1.000
	Lojas de departamentos (*shoppings*)	800
	Papelarias	700
	Supermercados (vendas)	600
	Tapetes	800
Serviços profissionais, pessoais e técnicos	Agências bancárias	300
	Agências dos Correios	400
	Escritórios	700
	Oficinas elétricas	600
	Oficinas mecânicas	200
Educacional e cultura física	Academias	300
	Creches	300
	Escolas em geral	300

---
1 Vide tabela completa na IT14 (2011).

Tabela 7.2 – Valores de cargas de incêndio específicas (*continuação*)

Ocupação/uso	Descrição	Carga de incêndio específica (MJ/m²)
Locais de reunião pública	Bibliotecas	2.000
	Cinemas ou teatros	600
	Clubes sociais, boates	600
	Estações, terminais de passageiros	200
	Igrejas	200
	Museus	300
	Restaurantes	300
Serviços automotivos	Estacionamentos	200
	Oficinas	300
Serviços de saúde e institucionais	Asilos	350
	Clínicas e consultórios médicos ou odontológicos	300
	Hospitais	300
	Presídios	200
	Quartéis	450

Fonte: CBPMESP. IT14, 2011.

Como se pode ver na Tabela 7.1, há diversos materiais cujo potencial calorífico específico é similar ao da madeira. Por essa razão, no passado, a carga de incêndio específica era medida em quilogramas de madeira equivalente por unidade de área (kg/m²).

Em um escritório, a carga de incêndio específica padronizada (Tabela 7.2) é de 700 MJ/m². Pela Tabela 7.1, cada quilograma de madeira equivale a 17,5 MJ/kg. Assim, a carga de incêndio total escrita em kg/m² de madeira equivalente será:

$$\frac{700 \text{ MJ/m}^2}{17,5 \text{ MJ/kg}} = 40 \text{ kg/m}^2 \text{ de madeira equivalente}$$

Se esse escritório for compartimentado a cada 500 m², a carga de incêndio total no compartimento, formada por madeira ou outros elementos com o potencial calorífico similar, tais como papel, algodão, palha etc., será:

$$500 \text{ m}^2 \times 40 \text{ kg/m}^2 = 20.000 \text{ kg}$$

Para efeito de procedimentos empregados na Engenharia de Segurança contra Incêndio, o valor da carga de incêndio específica fornecida na Tabela 7.1 deve ser multiplicado por coeficientes de ponderação, conforme recomendado em cada método de cálculo.

7.2.2 Grau de ventilação

Para que a combustão ocorra, gerando o incêndio, há necessidade de combustível (carga de incêndio) e de comburente, no caso, o oxigênio. A quantidade de oxigênio em um compartimento, disponível para a combustão, pode ser associada a um parâmetro conhecido como grau de ventilação.

O grau de ventilação do compartimento é determinado em função da área de aberturas para o exterior do compartimento. Em incêndio, é costume admitir-se que os vidros se quebrem, assim, geralmente, a área de aberturas é igual à área total de janelas voltadas para o exterior do compartimento. Um valor importante a ser usado no método do tempo equivalente (Anexo C) é a relação entre a área total de aberturas para o exterior de um compartimento e sua área total de piso. Como se desconsideram os vidros em incêndio, essa relação corresponde, aproximadamente, à área de insolação dividida pela área de piso. Segundo o Código de Obras do Município de São Paulo, em ambientes habitáveis, esse valor é, no mínimo, 0,15.

Na Figura 7.4, apresenta-se um exemplo de determinação da área de aberturas, que se denomina A_v (área de ventilação), e de sua relação com a área de piso, que se denomina A_f (*floor*).

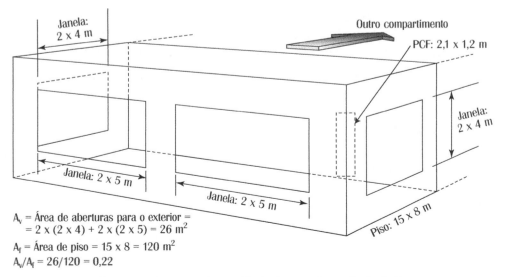

Figura 7.4 – Exemplo de cálculo do grau de ventilação A_v/A_f.

Tomando-se apenas os dois parâmetros, carga de incêndio e grau de ventilação, pode-se notar, na Figura 7.5, que a curva da temperatura dos gases quentes em função do tempo varia conforme o tipo de incêndio.

Na Figura 7.5, $\theta_{máx}$ significa a máxima temperatura atingida em um incêndio para determinados grau de ventilação e carga de incêndio; $t_{máx}$ significa o tempo real em que essa temperatura foi atingida.

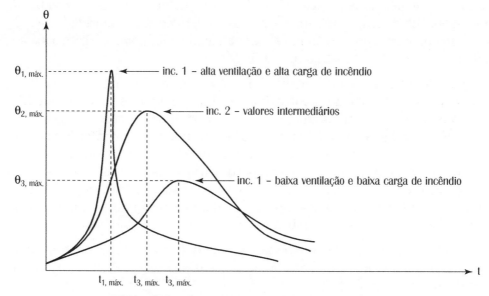

Figura 7.5 – Curvas temperatura–tempo de incêndios.

Além da carga de incêndio e do grau de ventilação, outras variáveis também afetam a severidade do incêndio, tais como a disposição da carga de incêndio, as características físico-térmicas dos elementos de vedação do compartimento etc.

Dessa maneira, é muito difícil determinar a variação real da temperatura em função do tempo. Além disso, cada compartimento de cada edificação teria valores diferentes de temperatura em incêndio, o que levaria a uma grande complicação para o cálculo estrutural.

Por essa razão, internacionalmente, convencionou-se adotar uma elevação padronizada de temperatura em função do tempo. Essa curva é conhecida como modelo do incêndio-padrão.

7.2.3 Incêndio-padrão

Incêndio-padrão é um modelo matemático simplificado que correlaciona uma elevação padronizada da temperatura dos gases a um determinado tempo. A equação que determina o incêndio-padrão e seu aspecto gráfico pode ser vista na Figura 7.6.

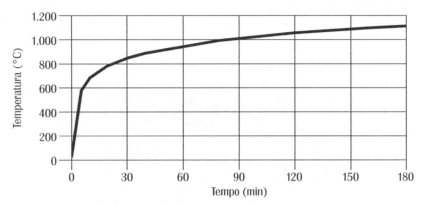

Figura 7.6 – Elevação padronizada da temperatura de um incêndio.
Fonte: ISO-834, 1990; ABNT NBR 5628:2001.

Embora seja um modelo que não corresponde à realidade, o modelo do incêndio-padrão é amplamente utilizado por laboratórios de pesquisa nos ensaios a altas temperaturas realizados em fornos.

Na Figura 7.7, apresenta-se um exemplo de um forno horizontal construído no campus da USP – São Carlos, em decorrência de um convênio realizado pela Escola Politécnica da USP, Escola de Engenharia de São Carlos da USP e da Unicamp com a FAPESP – Fundo de Amparo à Pesquisa do Estado de São Paulo. Nesse forno, pretende-se pesquisar o comportamento de lajes e vigas a altas temperaturas.

Figura 7.7 – Forno horizontal para ensaios de estruturas a altas temperaturas, no campus da USP – São Carlos.
Fonte: Foto de Julio C. Molina.

Na Figura 7.8, apresenta-se o forno vertical do Instituto de Pesquisas Tecnológicas (IPT), adequado a realizar ensaios de paredes e portas corta fogo, entre outros.

Deve ser ressaltado que, embora os resultados desses ensaios realizados sob elevação padronizada de temperatura possam ser empregados da forma normatizada, não se deve confundi-los com valores reais. O tempo indicado na Figura 7.6 não é real. Por exemplo, ao se especificar uma porta corta fogo para resistir a 60 minutos (PCF 60), isso não significa que ela irá resistir 60 minutos de fogo real, e sim 60 minutos do fogo-padrão. Supõe-se que isso esteja a favor da segurança.

Figura 7.8 – Forno vertical para ensaios a altas temperaturas – IPT.

7.3 Temperatura na estrutura

A temperatura na superfície dos elementos estruturais é menor do que a do incêndio e depende da robustez da estrutura e da condutividade térmica do material estrutural. Dessa forma, a temperatura na superfície das estruturas convencionais de concreto é menor do que nas estruturas de aço, em vista de estas serem mais esbeltas. O valor da temperatura no interior dos elementos estruturais diminui à medida que se adentra neles.

Um exemplo é mostrado na Figura 7.9 em que se vê a distribuição de temperaturas na seção transversal de um pilar de concreto. Nota-se que as temperaturas vão diminuindo no sentido do interior da seção transversal. As curvas que unem pontos com a mesma temperatura no interior do concreto são chamadas de isotermas. Com o passar do tempo, os valores das temperaturas de cada isoterma vão aumentando para, em seguida, reduzirem.

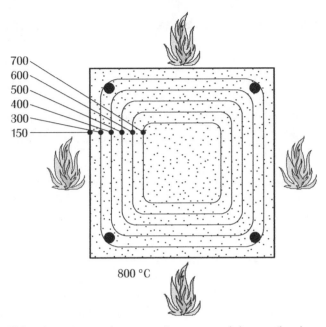

Figura 7.9 - Aquecimento de uma seção transversal de um pilar de concreto.
Fonte: Vargas; Silva, 2005.

No caso dos elementos de concreto, o mais relevante é a temperatura nas armaduras. Como elas ficam próximas à face do concreto, a temperatura ainda é alta (vide Figura 7.9) e isso afeta a estabilidade do elemento todo. Um método simplificado de se verificar uma viga ou laje de concreto é limitar essa temperatura em 500 °C. Quanto mais robusto for o elemento e mais distante estiver a armadura da face do concreto, maior será sua resistência ao fogo.

No caso dos elementos de aço isolados, sem contato com lajes ou paredes, a temperatura tende a se uniformizar rapidamente. No entanto, se houver esse contato, haverá transferência por condução de calor do aço para o elemento mais robusto. Nesses casos, a temperatura deixa de ter uma distribuição uniforme e ocorre redução da temperatura média (Figura 7.10).

Quanto menor a temperatura média, maior a resistência ao fogo da estrutura de aço, por isso, geralmente se aplicam materiais de revestimento contra fogo para proteger a estrutura de aço do calor (Seção 7.6).

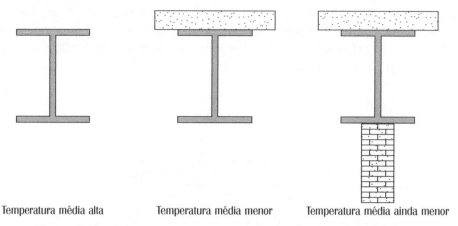

Figura 7.10 – Temperatura no aço em função de contato com laje ou parede.

Enquanto, nos elementos (lajes e vigas) de concreto, a resistência ao fogo depende da temperatura da armadura, nos elementos de aço pode-se dizer que depende de sua temperatura média.

A temperatura média no elemento de aço deve ser limitada à temperatura que causa colapso do elemento estrutural, conhecida como temperatura crítica. Segundo a IT8 (2011), a temperatura crítica pode ser adotada como 550 °C ou calculada conforme recomendações da ABNT NBR 14323:2013. Se a temperatura média for maior do que a temperatura crítica, haverá necessidade de se revestir o aço com material que retarde o seu aquecimento. A espessura desse revestimento deverá garantir que a temperatura média não ultrapasse a temperatura crítica. Portanto, o conceito incluído na Figura 7.10 é relevante, do ponto de vista econômico, qual seja, quanto mais contato o aço tiver com elementos robustos, menor será a temperatura média, seja o aço revestido ou não.

É muito difícil determinar a temperatura nos elementos estruturais, por isso, ou se utilizam programas de computador ou se empregam tabelas que forneçam valores mínimos a se usar no projeto das estruturas de forma a respeitar a resistência mínima ao fogo (Seção 7.4) exigida pela legislação.

A temperatura nos elementos estruturais, obviamente, depende da temperatura do incêndio. Ao se usar o modelo do incêndio-padrão, correlaciona-se a temperatura tanto do incêndio, quanto a da estrutura, ao tempo. Como foi ressaltado, na Seção 7.2.3, o tempo usado no modelo não é real e sim tempo de ensaio. Na prática, como se verá na Seção 7.4, as exigências de resistência ao fogo não se referem explicitamente à temperatura, mas sim ao tempo associado ao modelo do incêndio-padrão, portanto um tempo fictício.

7.4 Resistência ao fogo das estruturas

Resistência ao fogo é a propriedade de um elemento construtivo de resistir à ação do fogo, mantendo sua segurança estrutural, seu isolamento (Seção 3.1.1) e sua estanqueidade (Seção 3.1.2). Na Figura 7.11, apresentam-se as características que uma laje deve ter para ser considerada um elemento de compartimentação.

Figura 7.11 – Critérios de resistência ao fogo para uma laje: estanqueidade, isolamento e segurança estrutural (estabilidade).
Fonte: Costa, 2008.

A resistência ao fogo é medida pelo tempo que o elemento suporta a ação da elevação padronizada de temperatura (Figura 7.6). Note-se que, diferentemente do $t_{máx}$, indicado na Figura 7.5, o tempo que mede a resistência ao fogo não é o tempo real. É apenas um tempo fictício que simplifica o projeto de estruturas em situação de incêndio.

As estruturas devem ser calculadas de forma a possuir uma resistência ao fogo mínima. Essa resistência ao fogo mínima é denominada de tempo requerido de resistência ao fogo (TRRF).

7.4.1 Tempo requerido de resistência ao fogo (TRRF)

Os tempos requeridos de resistência ao fogo (TRRFs) dos elementos construtivos de uma edificação são fornecidos pelas Instruções Técnicas dos Corpos de Bombeiros de cada estado ou, na ausência delas, pela ABNT NBR 14432:2001 – Exigências de resistência ao fogo dos elementos construtivos das edificações.

O risco de um incêndio pode ser entendido como o perigo da ocorrência de um incêndio, que depende da ocupação do edifício ou compartimento, associado às suas consequências. Assim, geralmente, os TRRFs são definidos em função do uso (perigo de incêndio) e da altura (relacionada à consequência do incêndio) de incêndio da edificação.

As estruturas devem ser dimensionadas na situação de incêndio para um "tempo" de resistência ao fogo igual ou maior que o TRRF.

Na Tabela 7.3, apresenta-se um resumo dos TRRFs segundo a IT8 (2011).

Tabela 7.3 – Tempos requeridos de resistência ao fogo (TRRFs) em minutos

Uso/ocupação	Profundidade do subsolo		Altura h (m)							
	h>10	h≤10	h≤6	6<h≤12	12<h≤23	23<h≤0	30<h≤80	80<h≤120	120<h≤150	150<h≤180
Residência	90	60	30	30	60	90	120	120	150	180
Hotel	90	60	30	60	60	90	120	150	180	180
Supermercado	90	60	60	60	60	90	120	150	150	180
Escritório	90	60	30	60	60	90	120	120	150	180
Shopping	90	60	60	60	60	90	120	150	150	180
Escola	90	60	30	30	60	90	120	120	150	180
Hospital	90	60	30	60	60	90	120	150	180	180
Igreja	90	60	60	60	60	90	120	150	—	—

Fonte: IT8, 2011.

Segundo a IT8 (2011), há determinados elementos para os quais se exige um valor mínimo de TRRF, independentemente do TRRF da edificação. São os casos dos elementos de compartimentação em geral (mínimo de 60 min), elementos de compartimentação de escadas e elevadores de segurança (mínimo de 120 min) e elementos de isolamento de risco (mínimo de 120 min).

Volta-se a ressaltar que o TRRF, apesar de ter unidade de tempo, não é tempo real. Não é o tempo de duração do incêndio, ou o de desocupação de uma edificação ou o tempo que o Corpo de Bombeiros demora para chegar ao sinistro. É apenas um "tempo" estabelecido para ser utilizado com a curva de elevação de temperatura de um incêndio-padrão (Figura 7.6), que também não é uma curva real de incêndio.

O TRRF não é um valor calculado e sim adotado em consenso pela sociedade. Ele tem um valor elevado, a fim de que a temperatura associada a ele, via curva padronizada, tenha pouca probabilidade de ser atingida ($\theta_{máx}$) durante a vida útil da edificação (Figura 7.12). Objetiva-se que se o projeto de estruturas respeitar o par "TRRF/curva padronizada", a estrutura não colapsará ao longo de sua vida útil.

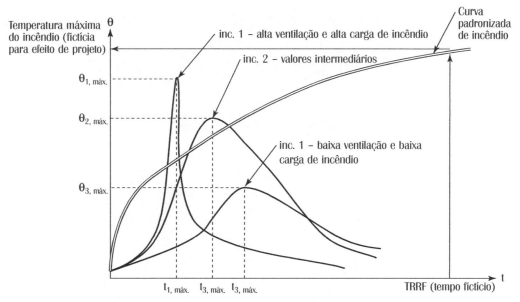

Figura 7.12 – Comparação entre a estratégia TRRF/curva padronizada e modelos de incêndio reais.

7.4.2 Altura para a situação de incêndio

Para a situação de incêndio, a altura de uma edificação é a distância entre o ponto que caracteriza a saída ao nível de descarga, ao piso do último pavimento, excluindo-se áticos, casas de máquinas, barriletes, reservatórios de água e assemelhados. Para edifícios comuns, é a altura do piso mais alto habitável, conforme a Figura 7.13. Nos casos em que os subsolos têm ocupação distinta de estacionamento de veículos, vestiários e instalações sanitárias ou respectivas dependências, sem aproveitamento para quaisquer atividades ou permanência humana, a altura será medida a partir do piso mais baixo do subsolo ocupado. Segundo o Decreto n.º 56.819 (2011), o pavimento superior de unidades duplex do último piso da edificação não será computado para a determinação da altura da edificação.

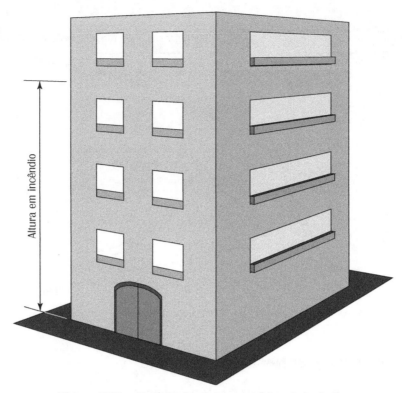

Figura 7.13 – Medição da altura para efeitos de incêndio.
Fonte: Silva; Vargas; Ono, 2010.

As alturas citadas na Tabela 7.3, bem como em várias outras tabelas apresentadas neste livro, estão associadas à classificação apresentada na Tabela 7.4.

Tabela 7.4 – Classificação das edificações quanto à altura	
Denominação	Altura
Edificação térrea	Um pavimento
Edificação baixa	H ≤ 6,00 m
Edificação de baixa/média altura	6,00 m < H ≤ 12,00 m
Edificação de média altura	12,00 m < H ≤ 23,00 m
Edificação medianamente alta	23,00 m < H ≤ 30,00 m
Edificação alta	Acima de 30 m

Fonte: Decreto nº 56.819, SP (2011)

Os valores das alturas citadas nas ITs, segundo Negrisolo (2012), têm a seguinte origem:

- até 6 metros – possibilidade de fácil uso de equipamentos portáteis;
- 12 metros – limite teórico do uso dos equipamentos portáteis e obrigatoriedade de uso de equipamentos montados sobre tração automóvel, portanto, com restrições de emprego e locomoção (Figura 7.14);
- 23 metros – limite teórico das restrições ao uso desses equipamentos montados sobre tração automóvel (Figura 7.15);
- 30 metros – início de sérias restrições para uso desses equipamentos.

Figura 7.14 – Acesso por escada portátil (entre 6 m e 12 m de altura).
Fonte: Andrew J. Sinclair. Disponível em: <http://andrewsinclair.org/Fenway%20Fire.htm>. Acesso em: 5 abr. 2012.

Figura 7.15 – Operação de autoplataforma (entre 12 m e 23 m de altura).
Fonte: Negrisolo, 2012.

7.4.3 Subsolo

Subsolo é o pavimento situado abaixo do perfil do terreno. Não será considerado subsolo o pavimento que possuir ventilação natural e tiver sua laje de cobertura acima de 1,20 m do perfil do terreno.

7.4.4 Isenção de verificação da estrutura

Para algumas situações, o risco à vida é considerado baixo e a verificação das estruturas em situação de incêndio pode ser dispensada. Um resumo dessas situações é apresentado na Tabela 7.5.

Tabela 7.5 – Isenções de verificação de segurança estrutural

Área total construída	Uso (2)	Carga de incêndio específica limite (3)	Altura (4)	Meios de proteção contra incêndio (5)
≤ 750 m²	Qualquer	—	≤ 12 m	—
≤ 1.500 m²	Qualquer (6)	≤ 500 MJ/m²	≤ 12 m	—
Qualquer	Centros esportivos, terminal de passageiros (7)	—	≤ 12 m	—
Qualquer	Garagens abertas (8, 9)	—	≤ 30 m	—
Qualquer	Academias (10)	—	≤ 12 m	—
Qualquer	Depósitos (11)	Baixa	≤ 12 m	—
Qualquer	Qualquer	≤ 500 MJ/m²	Térrea (12)	—
Qualquer	Industrial	≤ 1.200 MJ/m²	Térrea (12)	—
Qualquer	Depósitos	≤ 2.000 MJ/m²	Térrea (12)	—
Qualquer	Qualquer (13)	Qualquer	Térrea (12)	Chuveiros automáticos (14)
Qualquer	Qualquer (13)	Qualquer	Térrea (12)	Abertas (9)
≤ 5.000 m²	Qualquer (13)	Qualquer	Térrea (12)	Fachadas de aproximação (15)

Notas:
1 – Essas edificações devem atender às demais exigências do CBPMESP, em especial sobre rotas de fuga e condições de ventilação. As isenções não se aplicam aos subsolos com mais de um piso de profundidade ou área de pavimento superior a 500 m² e à estrutura de paredes de vedação das escadas e elevadores de segurança, de isolamento de riscos e de compartimentação.
2 – Conforme Anexo A deste livro.
3 – Carga de incêndio específica, determinada conforme Anexo B deste livro.
4 – Altura da edificação é a distância compreendida entre o ponto que caracteriza a saída situada no nível de descarga do prédio e o piso do último pavimento, excetuando-se zeladorias, barrilete, casa de máquinas, piso técnico e pisos sem permanência humana.

5 – Conforme ITs ou normas brasileiras em vigor.
6 – Exceto edificações pertencentes às divisões C2, C3, E6, F1, F5, F6, H2, H3 e H5.
7 – Uso F3, F4 e F7 (centros esportivos, terminais de passageiros, construções provisórias etc.) nas áreas de transbordo e circulação.
8 – Garagens (G1 e G2) abertas lateralmente com estrutura em concreto armado ou protendido, ou em aço, que atenda às seguintes condições construtivas: as vigas principais e secundárias devem ser construídas como vigas mistas, utilizando-se necessariamente conectores de cisalhamento. As lajes de concreto podem ser moldadas no local ou ser de concreto pré-moldado. Os perfis metálicos das vigas devem ter fator de massividade menor ou igual a 350 m^{-1}. Os perfis dos pilares devem ter fator de massividade menor ou igual a 250 m^{-1}. Os elementos escolhidos pelo projetista da estrutura como responsáveis pela estabilidade em situação de incêndio devem ser verificados nessa situação para um TRRF de 30 min. No caso de ligação flexível entre viga e pilar, o momento fletor negativo próximo ao pilar deve ser absorvido por meio de armadura adicional na laje de concreto. Essa armadura, a menos que cálculos mais precisos sejam feitos, deve ser de 0,2% da área da laje de concreto situada sobre a mesa superior do perfil metálico, segundo um corte perpendicular à viga.
9 – Edificação aberta lateralmente é edificação ou parte de edificação que, em cada pavimento: tenha ventilação permanente em duas ou mais fachadas externas, provida por aberturas que possam ser consideradas uniformemente distribuídas e que tenham comprimentos em planta que, somados, atinjam, pelo menos, 40% do perímetro e áreas que, somadas, correspondam a, pelo menos, 20% da superfície total das fachadas externas; ou, tenha ventilação permanente em duas ou mais fachadas externas, provida por aberturas cujas áreas, somadas, correspondam a, pelo menos, 1/3 da superfície total das fachadas externas, e, pelo menos, 50% dessas áreas abertas situadas em duas fachadas opostas. Em qualquer caso, as áreas das aberturas nas fachadas externas, somadas, devem corresponder a, pelo menos, 5% da área do piso no pavimento e as obstruções internas eventualmente existentes devem ter, pelo menos, 20% de suas áreas abertas, com as aberturas dispostas de forma a poderem ser consideradas uniformemente distribuídas, para permitir ventilação.
10 – Edificações destinadas a academias de ginástica e similares, E-3, nas áreas destinadas a piscinas, vestiários, salas de ginástica, musculação e similares, desde que possuam, nessas áreas, materiais de acabamento e revestimento incombustíveis ou de classe II-A.
11 – Divisão J1 – Depósitos de material incombustível.
12 – Edificação térrea é a edificação de apenas um pavimento, podendo possuir um piso elevado com área inferior ou igual à terça parte da área do piso situado no nível de descarga.
13 – Exceto edificações pertencentes às divisões C, F-1, F-2, F-5, F-6, F-8, F-10, I-3, J-4, que poderão ter TRRF reduzido de 60 min para 30 min.
14 – Chuveiros automáticos com bicos do tipo resposta rápida.
15 – Com pelo menos duas fachadas para acesso e estacionamento operacional de viaturas, conforme consta na IT6 (2011), que perfaçam, no mínimo, 50% do perímetro da edificação.

Fonte: CBPMESP, IT8, 2011.

Para situações diferentes das constantes na Tabela 7.3, o engenheiro de estruturas deve dimensionar a estrutura para o TRRF padronizado.

Antes de iniciar o anteprojeto, o arquiteto deve analisar se uma pequena alteração no projeto poderá eliminar a verificação estrutural da edificação. Isso poderá trazer grande economia ao empreendimento.

7.5 Estruturas de concreto

O projeto das estruturas de concreto em situação de incêndio é feito da seguinte forma:

- para cada valor de TRRF – tempo requerido de resistência ao fogo, há dimensões mínimas (espessura de laje, largura de vigas e largura da seção transversal de pilares) dos elementos estruturais que precisam ser respeitadas;

- para cada valor de TRRF, o centro geométrico (CG) das barras de armaduras de aço deve respeitar uma distância mínima (c_1), à face do concreto exposto ao fogo.

Esses valores mínimos são normatizados pela ABNT NBR 15200:2012 e quanto maior for o valor do TRRF, maiores serão os valores mínimos.

Apenas como exemplo, apresenta-se a Tabela 7.6, na qual se indicam os mínimos valores da espessura da laje (h) de concreto armado, quando ela exerce a função de elemento de compartimentação, e de c_1, que é a distância entre o CG da armadura até a face exposta ao fogo, conforme a Figura 7.17. Caso a laje seja de concreto protendido, os valores de c_1 devem ser aumentados de 10 mm para barras e de 15 mm para fios e cordoalhas.

Tabela 7.6 – Dimensões mínimas para lajes contínuas

TRRF min	$h_{mín}$ mm	$c_{1mín}$ mm
30	60	10
60	80	10
90	100	15
120	120	20
180	150	30

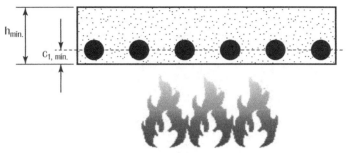

Figura 7.16 – Dimensões mínimas para laje sob incêndio.

Apesar de a determinação das dimensões mínimas serem de responsabilidade do engenheiro de estruturas, a arquitetura pode contribuir incluindo medidas de segurança que, por meio do método do tempo equivalente (Seção 7.8), contribuirão para a redução do TRRF. Além disso a compartimentação (quando exigida) deve ser garantida.

7.6 Estruturas de aço

No caso das estruturas de aço, geralmente, a estrutura é dimensionada para a temperatura ambiente e, depois, determinam-se as espessuras de um revestimento contra fogo que protegerá as estruturas contra a elevação de temperatura. Os tipos mais usados de revestimentos são os materiais projetados e as tintas intumescentes. O mais comum, para se determinar a espessura do revestimento de cada elemento estrutural, é o uso de resultados de ensaios que são apresentados por meio das chamadas cartas de cobertura, que associam TRRF, espessura do revestimento e fator de massividade (Figura 7.17). Quanto maior o valor do TRRF, maior será a espessura do material de revestimento contra fogo, portanto, mais cara a proteção.

O fator de massividade é uma característica geométrica, que procura representar a maior facilidade que o perfil tem para se aquecer. É determinado pela relação entre o perímetro (m) exposto ao fogo e a área (m^2) da seção transversal do perfil, ou seja, a seguinte relação:

$$\text{Fator de massividade} = \frac{\text{Perímetro aquecido}}{\text{Área da seção transversal}}$$

Como se percebe na Figura 7.16, quanto maior o valor do fator de massividade, ou seja, maior o perímetro por onde entra calor para aquecer a mesma área, maior será a espessura do material de revestimento contra fogo.

Na Figura 7.18, apresentam-se em linhas mais espessas os perímetros para várias situações de vigas. Nota-se, facilmente, que quanto mais contatos entre aço e elementos robustos, menor será o perímetro exposto ao fogo e, por consequência, menores serão o fator de massividade e a espessura do revestimento.

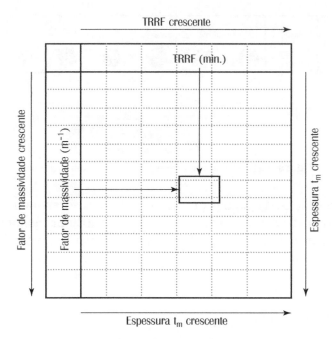

t_m = espessura do material de revestimento

Figura 7.17 – Carta de cobertura para materiais de revestimento contra fogo.

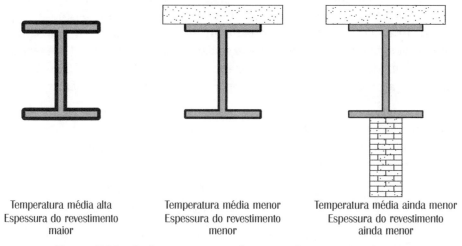

Figura 7.18 – Perímetro exposto ao fogo para várias situações de vigas.

Da mesma forma que para as estruturas de concreto, o arquiteto pode contribuir para a redução do TRRF via método do tempo equivalente (Seção 7.8).

No entanto, no caso das estruturas de aço, a contribuição da arquitetura pode ser muito maior. O custo do revestimento das estruturas de aço depende muito da solução arquitetônica. Fornecem-se, a seguir, algumas informações úteis para o projeto arquitetônico.

Não há necessidade de revestimento nas regiões em que os pilares ou vigas são tocados por paredes ou lajes (Figura 7.19). Além disso, as demais regiões expostas ao fogo poderão receber menos revestimento, pois o fator de massividade será menor e, portanto, a espessura do revestimento será também menor.

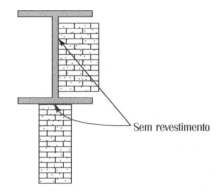

Figura 7.19 – Perfil em contato com paredes.

Se os elementos estruturais de fachada (pilares, travamentos ou vigas) forem protegidos por parede cega, conforme Figura 7.20, não haverá necessidade do revestimento contra fogo.

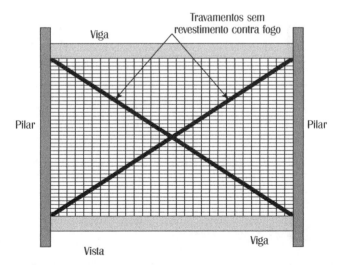

Figura 7.20 – Travamentos sem revestimento contra fogo frente à parede cega.

Mesmo no caso de elementos de aço estarem em frente a uma janela, eles podem prescindir do revestimento contra fogo, dependendo da distância que os separam da abertura (Figura 7.21). Vide SILVA; VARGAS; ONO (2010).

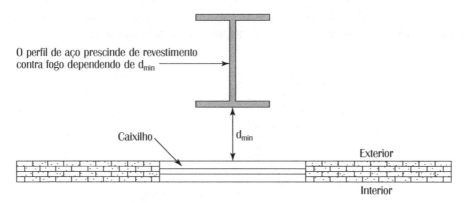

Figura 7.21 – Pilar externo a edifício.

O custo do revestimento projetado é inferior ao das tintas intumescentes, no entanto é esteticamente desagradável. Uma solução para vigas de piso é esconder as vigas atrás de forro falso (Figura 7.22). Dessa maneira, pode-se usar o revestimento mais barato.

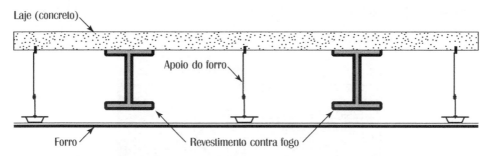

Figura 7.22 – Vigas com revestimento contra fogo ocultadas por forro.

Outras informações sobre arquitetura e estruturas de aço em incêndio podem ser vistas em SILVA; VARGAS; ONO (2010).

7.7 Estruturas de madeira

A madeira tem um comportamento curioso em incêndio, pois o material é, ao mesmo tempo, isolante térmico (cabos de panelas, por exemplo) e combustível (usado em lareiras).

É dessa forma que a estrutura de madeira trabalha em incêndio. Por ser combustível, ela se carboniza na periferia (Figura 7.23) e a espessura da camada carbonizada avança para o interior em função do tempo de incêndio. A camada carbonizada perde a resistência mecânica, contudo, protege termicamente o núcleo.

De forma simplificada, pode-se calcular uma estrutura de madeira em situação de incêndio usando apenas o núcleo como área resistente. Para isso, é preciso conhecer a espessura da camada carbonizada, que é tanto maior quanto maior for o TRRF. O valor dessa espessura, em razão do tempo, pode ser calculado conforme recomendações da ABNT NBR 7190:2013.

Figura 7.23 – Carbonização da madeira.
Fonte: Pinto, 2005.

7.8 Método do tempo equivalente (redução do TRRF)

Como se pôde notar, quanto maior o valor do TRRF, mais cara será a estrutura. Portanto, qualquer redução possível do TRRF reduz o custo da estrutura.

Nas instruções dos Corpos de Bombeiros e nas normas ABNT NBR 15200:2012 e ABNT NBR 14323:2013, apresenta-se um procedimento que permite reduzir o TRRF em até 30 min. Esse procedimento recebe o nome de método do tempo equivalente (MTE).

O método do tempo equivalente é um processo que permite reduzir o valor do TRRF em até 30 min se a edificação tiver boas características de segurança contra incêndio.

Para efeito desse método, as seguintes características podem conduzir a redução do TRRF:

- medidas de proteção ativa (chuveiros automáticos, detecção e brigada de incêndio);

- compartimentação vertical perfeita em todos os andares;
- pé-direito alto;
- grandes áreas de janelas para o exterior;
- baixa carga de incêndio;
- compartimentação horizontal.

A aplicação do método é simples, no entanto, o projetista deve tomar muito cuidado nas hipóteses que permitem seu emprego.

Deve ser feita, se for o caso, uma verificação sobre distância entre fachadas, a fim de evitar propagação de incêndio entre elas, quebrando assim a compartimentação. Essas fachadas podem ser entre edifícios vizinhos ou do próprio edifício (vide Capítulo 4 e Anexo B).

Deve haver compartimentação vertical perfeita. Se houver quebra de compartimentação permitida pelo Corpo de Bombeiros, é necessário considerar o aumento no valor da carga de incêndio no compartimento, agora com pé-direito duplo.

No Anexo C, apresentam-se mais detalhes sobre esse método.

Outras medidas de proteção

Os itens que se seguem são tão importantes quanto os demais mencionados neste livro. São menos detalhados, por fugirem do objetivo principal do autor, que é a compartimentação.

8.1 Proteção passiva

8.1.1 Elevadores de emergência

Elevadores de emergência são de instalação obrigatória, segundo a IT11 (2011), nas seguintes situações:

a) em todas as edificações residenciais A-2 e A-3, com altura superior a 80 m e nas demais ocupações, com altura superior a 60 m, excetuadas as de classe de ocupação G-1, e em torres exclusivamente monumentais de ocupação F-2;

b) nas ocupações institucionais H-2 e H-3, sempre que sua altura ultrapassar 12 m, sendo um elevador de emergência para cada área de refúgio.

8.1.2 Área de refúgio

Área de refúgio, segundo a IT11 (2011), é a parte de um pavimento separada por paredes corta fogo e portas corta fogo, tendo acesso direto, cada uma delas, a pelo menos, uma escada/rampa de emergência ou saída para área externa. É obrigatória a existência de áreas de refúgio em todos os pavimentos nos seguintes casos:

a) em edificações institucionais de ocupação E-5, E-6 e H-2, com altura superior a 12 m, e na ocupação H-3, com altura superior a 6 m, bem como, para essa ocupação, no térreo ou 1º pavimento, se neles houver internação. Nesses casos, a área mínima de refúgio de cada pavimento deve ser de 30% da área de cada pavimento;

b) a existência de compartimentação de área no pavimento será aceita como área de refúgio, desde que tenha acesso direto às saídas de emergência (escadas, rampas ou portas).

8.1.3 Acesso da viatura do Corpo de Bombeiros

A IT6 (2011) fornece as informações necessárias para se prever em projeto o acesso da viatura do Corpo de Bombeiros. São indicadas as dimensões mínimas do portão de acesso, da viatura e das vias de acessos (vide Figuras 8.1 a 8.3). É importante lembrar que os acessos e estacionamento devem receber fundação com capacidade estrutural suficiente para resistir ao peso da viatura. A IT é somente obrigatória para centros esportivos e de exibição, prisões e locais com armazenamento de combustíveis (para detalhes, vide IT11), no entanto, este autor recomenda que o projetista e o proprietário de qualquer imóvel sejam prudentes e, sempre que possível, permitam que o empreendimento tenha o acesso do CB facilitado.

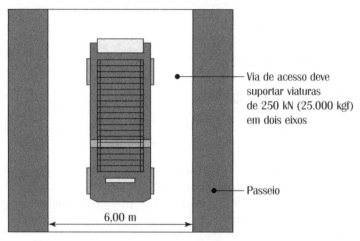

Figura 8.1 – Largura mínima da via de acesso.
Fonte: CBPMESP. IT6, 2011.

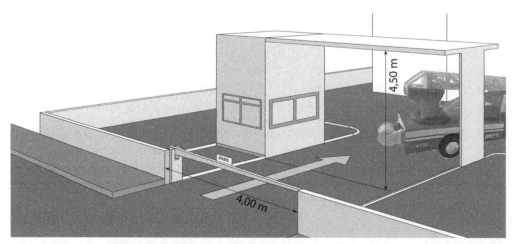

Figura 8.2 – Largura e altura mínimas do portão de acesso.
Fonte: CBPMESP. IT6, 2011.

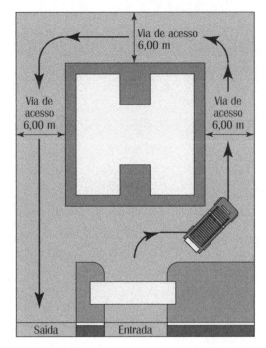

Figura 8.3 – Modelo de retorno.
Fonte: CBPMESP. IT6, 2011.

8.2 Proteção ativa

Apesar de este livro dedicar-se à proteção passiva, algumas informações de relevo sobre proteção ativa são fornecidas a seguir.

Conforme o Decreto n.º 56.819 (SP, 2011), é exigida a formação de brigada contra incêndio em todos os edifícios residenciais multifamiliares, escolares, de escritórios e hotéis com qualquer número de andares.

A detecção de incêndio automática é exigida para hotéis a partir de 6 m de altura, em edifícios para escritórios com mais de 30 m de altura e em escolas a partir de 23 m.

A instalação de chuveiros automáticos é exigida para hotéis com mais de 23 m de altura e para edifícios escolares ou de escritórios com mais de 30 m.

Para os subsolos das edificações cujas ocupações foram citadas neste capítulo e não forem exclusivamente para garagem de veículos, lavagem de autos, vestiários até 100 m², banheiros, áreas técnicas não habitadas (elétrica, telefonia, lógica, motogerador) e assemelhados, tem-se as seguintes exigências:

Primeiro e segundo subsolos com áreas entre 100 m² e 500 m²: detecção automática de incêndio e exaustão ou chuveiros automáticos e exaustão, ou controle de fumaça.

Primeiro e segundo subsolos com áreas acima de 500 m² ou nos demais subsolos com áreas acima de 100 m²: chuveiros automáticos e detecção automática de incêndio, duas saídas de emergência em lados opostos e controle de fumaça.

9 Considerações finais

Todas as informações contidas neste livro têm por base exigências e procedimentos prescritivos. Métodos prescritivos são aqueles que nem sempre têm rigorosa comprovação científica, mas são consagrados em normas ou regulamentos nacionais e internacionais.

Nos países desenvolvidos são bastante estudados métodos cientificamente avançados que utilizam programas de computador. Podem ser modelados matematicamente: a geometria 3D do ambiente em estudo incluindo o tipo e a localização da carga de incêndio, o modo como o fogo e a fumaça se propagam, a movimentação das pessoas em direção às saídas de emergência, entre outros detalhes. A partir de simulações computacionais tiram-se conclusões que nem sempre coincidem com as prescrições padronizadas. Não foi objeto deste livro percorrer esse campo mais moderno de análise e projeto. Primeiro, porque esses estudos, embora existam, ainda são incipientes no Brasil, depois porque os resultados obtidos a partir de programas de computador devem ser muito bem avaliados e, para isso, vários dos conceitos apresentados neste livro devem ser considerados. O autor pensa que, antes de se avançar para modelos computacionais, devem-se conhecer os métodos prescritivos e os conceitos sobre o tema.

O momento em que o autor encerrava o texto deste livro coincidiu com o trágico incêndio de uma boate em Santa Maria. Este livro tem seu principal foco nos edifícios altos, cuja legislação brasileira foi se modernizando desde os trágicos incêndios dos edifícios Andraus (1972) e Joelma (1974). O incêndio na boate Kiss, em Santa Maria, no dia 27 de janeiro de 2013, foi uma tragédia anunciada, em vista das várias falhas conceituais de segurança contra incêndio encontradas naquele recinto. Se houve descumprimento da legislação em vigor, é algo a ser investigado pelos órgãos competentes. Cabe aos especialistas e pesquisadores relerem as normas e demais documentos regulatórios para verificar se também devem ser modernizados.

Anexo A

Classificação das edificações e áreas de risco quanto à ocupação (resumo)

Grupo	Ocupação/uso	Divisão	Descrição	Exemplos
A	Residencial	A-1	Habitação unifamiliar	Casas térreas ou assobradadas (isoladas e não isoladas) e condomínios horizontais
		A-2	Habitação multifamiliar	Edifícios de apartamento em geral
		A-3	Habitação coletiva	Pensionatos, internatos, alojamentos, mosteiros, conventos, residências geriátricas. Capacidade máxima de 16 leitos
B	Serviço de hospedagem	B-1	Hotel e assemelhado	Hotéis, motéis, pensões, hospedarias, pousadas, albergues, casas de cômodos e divisão A3 com mais de 16 leitos e assemelhados
		B-2	Hotel residencial	Hotéis e assemelhados com cozinha própria nos apartamentos (incluem-se apart-hotéis, hotéis residenciais) e assemelhados
C	Comercial	C-1	Comércio com baixa carga de incêndio	Armarinhos, artigos de metal, louças, artigos hospitalares e outros
		C-2	Comércio com média e alta carga de incêndio	Edifícios de lojas de departamentos, magazines, galerias comerciais, supermercados em geral, mercados e outros
		C-3	*Shopping centers*	Centro de compras em geral (*shopping centers*)
D	Serviço profissional	D-1	Local para prestação de serviço profissional ou condução de negócios	Escritórios administrativos ou técnicos, instituições financeiras (que não estejam incluídas em D-2), repartições públicas, cabeleireiros, centros profissionais e assemelhados

Grupo	Ocupação/ uso	Divisão	Descrição	Exemplos
D	Serviço profissional	D-2	Agência bancária	Agências bancárias e assemelhados
		D-3	Serviço de reparação (exceto os classificados em G-4)	Lavanderias, assistência técnica, reparação e manutenção de aparelhos eletrodomésticos, chaveiros, pintura de letreiros e outros
		D-4	Laboratório	Laboratórios de análises clínicas sem internação, laboratórios químicos, fotográficos e assemelhados
E	Educacional e cultura física	E-1	Escola em geral	Escolas de primeiro, segundo e terceiro graus, cursos supletivos e pré-universitário e assemelhados
		E-2	Escola especial	Escolas de artes e artesanato, de línguas, de cultura geral, de cultura estrangeira, escolas religiosas e assemelhados
		E-3	Espaço para cultura física	Locais de ensino e/ou práticas de artes marciais, ginástica (artística, dança, musculação e outros) esportes coletivos (tênis, futebol e outros que não estejam incluídos em F-3), sauna, casas de fisioterapia e assemelhados
		E-4	Centro de treinamento profissional	Escolas profissionais em geral
		E-5	Pré-escola	Creches, escolas maternais, jardins de infância
		E-6	Escola para portadores de deficiências	Escolas para excepcionais, deficientes visuais e auditivos e assemelhados
F	Local de reunião de público	F-1	Local onde há objeto de valor inestimável	Museus, centro de documentos históricos, bibliotecas e assemelhados
		F-2	Local religioso e velório	Igrejas, capelas, sinagogas, mesquitas, templos, cemitérios, crematórios, necrotérios, salas de funerais e assemelhados
		F-3	Centro esportivo e de exibição	Estádios, ginásios e piscinas com arquibancadas, rodeios, autódromos, sambódromos, arenas em geral, academias, pista de patinação e assemelhados

Grupo	Ocupação/ uso	Divisão	Descrição	Exemplos
F	Local de reunião de público	F-4	Estação e terminal de passageiro	Estações rodoferroviárias e marítimas, portos, metrô, aeroportos, heliponto, estações de transbordo em geral e assemelhados
		F-5	Arte cênica e auditório	Teatros em geral, cinemas, óperas, auditórios de estúdios de rádio e televisão, auditórios em geral e assemelhados
		F-6	Clubes sociais e diversão	Boates, clubes em geral, salões de baile, restaurantes dançantes, clubes sociais, bingo, bilhares, tiro ao alvo, boliche e assemelhados
		F-7	Construção provisória	Circos e assemelhados
		F-8	Local para refeição	Restaurantes, lanchonetes, bares, cafés, refeitórios, cantinas e assemelhados
		F-9	Recreação pública	Jardim zoológico, parques recreativos e assemelhados. Edificações permanentes
		F-10	Exposição de objetos e animais	Salões e salas de exposição de objetos e animais, *showroom*, galerias de arte, aquários, planetários e assemelhados; edificações permanentes
G	Serviço automotivo e assemelhados	G-1	Garagem sem acesso de público e sem abastecimento	Garagens automáticas
		G-2	Garagem com acesso de público e sem abastecimento	Garagens coletivas sem automação, em geral, sem abastecimento (exceto veículos de carga e coletivos)
		G-3	Local dotado de abastecimento de combustível	Postos de abastecimento e serviço, garagens (exceto veículos de carga e coletivos)
		G-4	Serviço de conservação, manutenção e reparos	Oficinas de conserto de veículos, borracharia (sem recauchutagem). Oficinas e garagens de veículos de carga e coletivos, máquinas agrícolas e rodoviárias, retificadoras de motores
		G-5	Hangares	Abrigos para aeronaves com ou sem abastecimento

Grupo	Ocupação/ uso	Divisão	Descrição	Exemplos
H	Serviço de saúde e institucional	H-1	Hospital veterinário e assemelhados	Hospitais, clínicas e consultórios veterinários e assemelhados (inclui-se alojamento com ou sem adestramento)
		H-2	Local onde pessoas requerem cuidados especiais por limitações físicas ou mentais	Asilos, orfanatos, abrigos geriátricos, hospitais psiquiátricos, reformatórios, tratamento de dependentes – de drogas, álcool – e assemelhados – todos sem celas
		H-3	Hospital e assemelhados	Hospitais, casa de saúde, prontos-socorros, clínicas com internação, ambulatórios e postos de atendimento de urgência, postos de saúde e puericultura e assemelhados com internação
		H-4	Repartição pública, edificações das Forças Armadas e policiais	Edificações do Executivo, Legislativo e Judiciário, tribunais, cartórios, quartéis, centrais de polícia, delegacias, postos policiais e assemelhados
		H-5	Local onde a liberdade das pessoas sofre restrições	Hospitais psiquiátricos, manicômios, reformatórios, prisões em geral (casa de detenção, penitenciárias, presídios) e instituições assemelhadas – todos com celas
		H-6	Clínica e consultório médico e odontológico	Clínicas médicas, consultórios em geral, unidades de hemodiálise, ambulatórios e assemelhados – todos sem internação

Fonte: Decreto nº 56.819, de 10 de março de 2011 (SP, 2011).

Anexo B
Separação entre fachadas

B.1 Procedimento

A distância mínima entre fachadas de edifícios deve ser determinada por meio da Equação B.1.

$$D = \alpha \times \ell + \beta \tag{B.1}$$

Onde:

D é a distância mínima entre as fachadas a fim de se considerar TRRFs independentes;

ℓ é o valor da largura ou altura da fachada da superfície radiante, a que for menor. Caso não haja compartimentação vertical, l refere-se a toda a fachada da edificação. Se houver compartimentação vertical entre todos os pavimentos, l refere-se à fachada do pavimento (vide Seção B.2);

β é uma distância adicional de segurança igual a:

   a) $\beta = 1,5$ metro, nos municípios que possuem Corpo de Bombeiros com viaturas para combate a incêndios; ou

   b) $\beta = 3,00$ metros, nos municípios que não possuem Corpo de Bombeiros.

α é um índice determinado por meio da Tabela B.1. Segundo a IT7 (2011), na determinação de α, se os valores relativos à porcentagem de aberturas ou à relação largura/altura forem intermediários àqueles apresentados na Tabela B.1, deve ser adotado para o valor imediatamente superior.

A IT7 tem por base a norma norte-americana NFPA 80A que, de forma mais sensata e realista, recomenda a interpolação linear desses valores e não adotar valores superiores. Apesar deste autor julgar esta mais correta, enquanto a IT7 não for revisada ela deverá ser respeitada.

Tabela B.1 – Índice das distâncias de segurança

Classe de severidade			Relação largura/altura ou altura/largura															
I	II	III	1,0	1,3	1,6	2,0	2,5	3,2	4	5	6	8	10	13	16	20	25	32	40
% aberturas			α – Índice para as distâncias de segurança															
20	10	5	0,4	0,40	0,44	0,46	0,48	0,49	0,50	0,51	0,51	0,51	0,51	0,51	0,51	0,51	0,51	0,51	0,51
30	15	7,5	0,6	0,66	0,73	0,79	0,84	0,88	0,90	0,92	0,93	0,94	0,94	0,95	0,05	0,95	0,95	0,95	0,95
40	20	10	0,8	0,80	0,94	1,02	1,10	1,17	1,23	1,27	1,30	1,32	1,33	1,33	1,34	1,34	1,34	1,34	1,34
50	25	12,5	0,9	1,00	1,11	1,22	1,33	1,42	1,51	1,58	1,63	1,66	1,69	1,70	1,71	1,71	1,71	1,71	1,71
60	30	15	1	1,14	1,26	1,39	1,52	1,64	1,76	1,85	1,93	1,99	2,03	2,05	2,07	2,08	2,08	2,08	2,08
80	40	20	1,2	1,37	1,52	1,68	1,85	2,02	2,18	2,34	2,48	2,59	2,67	2,73	2,77	2,79	2,80	2,81	2,81
100	50	25	1,4	1,56	1,74	1,93	2,13	2,34	2,55	2,76	2,95	3,12	3,26	3,36	3,43	3,48	3,51	3,52	3,53
	60	30	1,6	1,73	1,94	2,15	2,38	2,63	2,88	3,13	3,37	3,60	3,79	3,95	4,07	4,15	4,20	4,22	4,24
	80	40	1,8	2,04	2,28	2,54	2,82	3,12	3,44	3,77	4,11	4,43	4,74	5,01	5,24	5,41	5,52	5,60	5,64
	100	50	2,1	2,30	2,57	2,87	3,20	3,55	3,93	4,33	4,74	5,16	5,56	5,95	6,29	6,56	6,77	6,92	7,01
		60	2,3	2,54	2,84	3,17	3,54	3,93	4,36	4,83	5,30	5,80	6,30	6,78	7,23	7,63	7,94	8,18	8,34
		80	2,6	2,95	3,31	3,70	4,13	4,61	5,12	5,68	6,28	6,91	7,57	8,24	8,89	9,51	10,0	10,5	10,8
		100	3	3,32	3,72	4,16	4,65	5,19	5,78	6,43	7,13	7,88	8,67	9,50	10,3	11,1	11,9	12,5	13,1

A severidade é determinada por meio da Tabela B.2.

Tabela B.2 – Classificação de severidade

Classificação de severidade	Carga de incêndio (MJ/m^2)
I	0 – 680
II	681 – 1.460
III	Acima de 1.461

Caso a edificação possua proteção por chuveiros automáticos, a classificação da severidade da Tabela B.2 será reduzida em um nível. Caso essa edificação tenha inicialmente a classificação "I", então o índice "α" pode ser reduzido a 50%.

B.2 Exemplo de aplicação

1) Determinar a mínima distância entre duas fachadas a fim de evitar transferência de calor via radiação pelas aberturas, de dois edifícios residenciais iguais, com 40 m de altura por 20 m de largura, pé-direito igual a 2,80 m e laje com espessura de 20 cm, com compartimentação vertical em todos os andares, conforme Figura B.1.

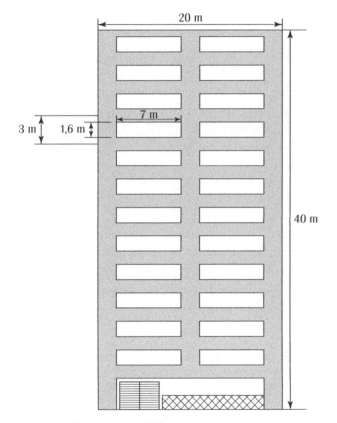

Figura B.1 – Edifício residencial (vista).

Como a edificação é compartimentada e admitindo-se que a fachada se repete a cada pavimento, a superfície radiante corresponde às duas janelas, cuja área total vale 2 × 1,6 m × 7 m. A altura da fachada do pavimento é igual ao pé-direito mais a espessura da laje, portanto, 2,80 m + 0,20 m = 3,0 m.

A relação largura/altura vale 20 m/3,0 m, que é igual a 6,67. Será tomado, para uso da Tabela B.1, o valor imediatamente superior, que é 8.

A classe de severidade depende da carga de incêndio. Pela Tabela 6.2, para residências, $q_{fi,k}$ = 300 MJ/m². Assim, pela Tabela B.1, a severidade é I (um).

A porcentagem de aberturas é igual ao valor total das áreas das duas janelas, dividido pela área da fachada do pavimento, ou seja:

$$2 \times (7 \times 1{,}6)/(20 \times 3{,}0) = 37{,}3\%$$

Será tomado, para uso da Tabela B.1, o valor imediatamente superior que é 40%.

Com os três valores (largura/altura = 8, porcentagem = 40% e severidade I), da Tabela B.1 obtém-se $\alpha = 1{,}32$.

Então, sabendo-se que $\beta = 1{,}5$, conforme a Equação B.1, tem-se:

$$D = 1{,}32 \times 3{,}0 + 1{,}5 = 5{,}46 \text{ m}$$

2) Determinar a mínima distância entre duas fachadas a fim de evitar transferência de calor via radiação pelas aberturas, de dois edifícios de escritórios iguais com 40 m de altura por 20 m de largura, pé-direito igual a 3,32 m, espessura de laje igual a 20 cm, com compartimentação vertical em todos os andares e chuveiros automáticos, conforme Figura B.2.

Como a edificação é compartimentada e admitindo-se que a fachada se repete a cada pavimento, a superfície radiante corresponde às duas janelas, cuja área total vale 2 × 2,2 m × 8 m. A altura da fachada do pavimento é igual ao pé-direito mais a espessura da laje, portanto, 3,32 m + 0,20 m = 3,52 m.

A relação largura/altura vale 20 m / 3,52 m que é igual a 5,7. Será tomado, para uso da Tabela B.1, o valor imediatamente superior, que é 6.

A classe de severidade depende da carga de incêndio. Pela Tabela 6.2, para escritórios, $q_{fi,k} = 700$ MJ/m². Assim, pela Tabela B.1, a severidade é II (dois). No entanto, pela presença de chuveiros automáticos a severidade passa ao nível I (um).

A porcentagem de aberturas é igual ao valor das áreas das duas janelas, dividido pela área da fachada do pavimento, ou seja:

$$2 \times (8 \times 2{,}2)/(20 \times 3{,}52) = 50\%$$

Com os três valores (largura/altura = 6, porcentagem = 50% e severidade I), da Tabela B.1 obtém-se = 1,63.

Então, sabendo-se que $\beta = 1{,}5$, conforme a equação 1, tem-se:

$$D = 1{,}63 \times 3{,}52 + 1{,}5 = 7{,}24 \text{ m}$$

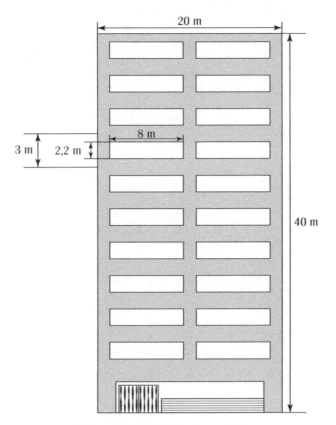

Figura B.2 – Edifício de escritórios.

Anexo C
Redutor de TRRF (método do tempo equivalente)

C.1 Procedimento

Os valores de TRRF podem ser reduzidos em até 30 min nas edificações com características favoráveis à segurança contra incêndio.

Neste anexo, apresentamos o procedimento incluído na norma brasileira para projeto de estruturas de concreto em situação de incêndio – ABNT NBR 15200:2012. Nessa norma, o procedimento para reduzir o TRRF é denominado "método do tempo equivalente". O método do tempo equivalente (MTE) não é o MTE original que é detalhado em norma europeia, mas apenas um redutor de **até** 30 minutos do TRRF tabelado em normas ou regulamentos do Corpo de Bombeiros. É chamado de método de tempo equivalente, porque alguns dos valores ou equações têm por base o MTE original. O projetista deve verificar se o método e o procedimento aqui detalhado são aceitos pelo Corpo de Bombeiros do estado em que será construído o edifício.

A redução é verificada da seguinte forma:

1. Determina-se t_e por meio da Equação C.1.
2. Se t_e ≤ (TRRF – 30 min), então o valor de TRRF (Tabela 6.3) poderá ser substituído por (TRRF – 30 min), limitado inferiormente a 15 min. Por exemplo, se TRRF = 120 min e t_e = 50 min, portanto, 50 ≤ (120 – 30), então TRRF = 90 min.
3. Se (TRRF – 30 min) < t_e ≤ TRRF, o valor de TRRF (Tabela 6.3) poderá ser substituído pelo valor de t_e. Por exemplo, se TRRF = 120 min e t_e = 95 min, então: (120 – 30) < 95 ≤ 120, portanto, TRRF = 95 min.

Nota: Se TRRF = 120 min e t_e = 125 min, ou seja, t > TRRF, pode-se escolher entre os dois valores, portanto, a favor da economia, se escolherá o menor, TRRF = 120 min, visto que ambos são aceitos pela legislação.

$$t_e = 0{,}07\ q_{fi}\ \gamma_n\ \gamma_s\ W \qquad (C.1)$$

Na Equação C.1:

q_{fi} é o valor da carga de incêndio específica do compartimento analisado em megajoule por metro quadrado. Na Tabela 6.2 foram apresentados alguns valores de carga de incêndio específica. Na IT14 (2011) são apresentadas informações completas sobre os valores das cargas de incêndio específicas.

W é um fator que considera a influência da ventilação e da altura do compartimento, conforme a equação C.2, em que H é a altura do compartimento (distância do piso ao teto) em metro, A_v é a área de aberturas para o ambiente externo do edifício, admitindo-se que os vidros das janelas se quebrarão em incêndio (vide Seção 6.2.2) e A_f é a área do piso do compartimento que é a medida em metros quadrados da área compreendida pelo perímetro interno das paredes de compartimentação. Na Equação C.2, A_v/A_f deve ser menor ou igual a 0,30. Para A_v/A_f maior do que 0,30, pode-se tomar A_v/A_f igual a 0,30.

$$W = \left(\frac{6}{H}\right)^{0,3} \left[0,62 + 90\left(0,4 - \frac{A_v}{A_f}\right)^4\right] \geq 0,5 \qquad (C.2)$$

Valores de W podem ser visualizados na Figura C.1.

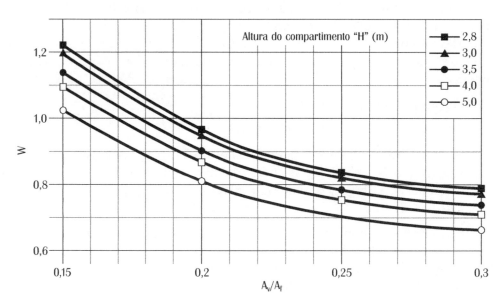

Figura C.1 – Valores de W em função da ventilação A_v/A_f e da altura do compartimento H.

- γ_n é um fator de ponderação determinado por $\gamma_n = \gamma_{n1} \times \gamma_{n2} \times \gamma_{n3}$, conforme Tabela C.1. Na ausência de algum meio de proteção, adota-se γ_{ni} igual a 1.

Tabela C.1 – Fatores de ponderação das medidas de segurança contra incêndio		
Valores de γ_{ni}		
Chuveiros automáticos	Brigada contra incêndio	Detecção automática
$\gamma_{n1} = 0{,}60$	$\gamma_{n2} = 0{,}90$	$\gamma_{n3} = 0{,}90$

- γ_s é um fator de ponderação determinado por $\gamma_s = \gamma_{s1} \times \gamma_{s2}$.

Onde:

γ_{s1} é um fator de segurança determinado pela Equação C.3, que depende da área do piso do compartimento (A_f) em metros quadrados e h é a altura do piso habitável mais elevado da edificação em metros. γ_{s1} não deve ser inferior a 1 e não precisa ser superior a 3.

$$\gamma_{s1} = 1 + \frac{A_f \times (h+3)}{10^5} \qquad (C.3)$$

$$1 \leq \gamma_{s1} \leq 3$$

γ_{s2} é um fator que depende do risco de ativação do incêndio. Geralmente ele pode ser adotado igual a 1,0, exceto para ocupações de alto risco, tais como: montagem de automóveis, hangar, indústria mecânica, laboratório químico, oficina de pintura de automóveis.

Na Equação C.1, o produto ($q_{fi,k} \times \gamma_n \times \gamma_s$) deve ser tomado sempre maior ou igual a 300 MJ/m².

Para o uso da formulação apresentada neste anexo, é necessário identificar o compartimento a ser estudado.

As fachadas do compartimento em estudo devem ficar suficientemente distantes de outra fachada a fim de não receber radiação de suas aberturas. O autor sugere o uso do método detalhado no Anexo B.

Outro aspecto a considerar é a presença de mezaninos (em duplex, por exemplo). O procedimento apresentado neste item (MTE) não é aplicável a essa situação, no entanto, o autor sugere, a favor da segurança, empregar a seguinte estratégia (Figura C2).

- determina-se a carga de incêndio característica específica, multiplicando o valor tabelado de $q_{fi,k}$ pela relação entre a soma das áreas do mezanino (A_{mez}) e de piso (A_f) e a área de piso, ou seja:

$$\frac{A_f + A_{mez}}{A_f}$$

- a altura do compartimento (H) é a altura total desconsiderando-se o mezanino.

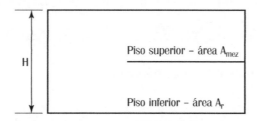

Figura C.2 – Compartimento incluindo mezanino.

C.2 Exemplo de aplicação

Determinar o tempo requerido de resistência ao fogo pelo método tabular conforme a IT8 do CBPMESP e utilizando o redutor de TRRF permitido pelo método do tempo equivalente de um edifício de escritórios com as seguintes características:

1. Altura (de incêndio) do edifício = 63 m.
2. Altura do andar = 3,20 m.
3. Área de ventilação (janelas) = 139,4 m^2.
4. Área do andar = 820 m^2.
5. Há chuveiros automáticos, detecção automática e brigada contra incêndio. O edifício é compartimentado verticalmente.

Solução:

a) método tabular.

Trata-se da simples observação da tabela a seguir, adaptada da IT8 do CBPMESP. Cruzando-se 63 m com escritórios, obtém-se:

TRRF = 120 min

Ocupação/ uso	Altura da edificação							
	H≤6 m	6≤h≤12 m	12<h≤23 m	23<h≤30 m	30≤h≤80 m	80<h≤120 m	120<h≤150 m
Residência	30	30	60	90	120	120	150
Hotel	30	60	60	90	120	150	180
Supermercado	60	60	60	90	120	150	150
Escritório	30	60	60	90	120	120	150
Shopping	60	60	60	90	120	150	150
Escola	30	30	60	90	120	120	150
Hospital	30	60	60	90	120	150	180
Igreja	60	60	60	90	120	150	180

b) redutor de TRRF via método do tempo equivalente.

Da equação C.1 tem-se:

$$t_e = 0{,}07\, q_{fi}\, \gamma_n\, \gamma_s\, W$$

Pela Tabela 6.2, para escritórios, $q_{fi,k} = 700$ MJ/m².

No edifício em estudo há chuveiros automáticos ($\gamma_{n1} = 0{,}6$), detecção automática ($\gamma_{n1} = 0{,}9$) e brigada contra incêndio ($\gamma_{n1} = 0{,}9$). Portanto,

$$\gamma_n = \gamma_{n1} \times \gamma_{n2} \times \gamma_{n3} = 0{,}6 \cdot 0{,}9 \cdot 0{,}9 = 0{,}486$$

$$\gamma_{s2} = 1{,}0$$

Como a área (A) do compartimento (pavimento) vale 820 m² e a altura (h) do edifício vale 63 m, tem-se:

$$\gamma_{s1} = 1 + \frac{A(h+3)}{100.000} = 1{,}54$$

Como a área de ventilação (A_v) vale 139,4 m² e a área de piso (A_f) do compartimento (pavimento) vale 820 m², então $A_v/A_f = 0{,}17$. Lembrando que a altura do compartimento é 3,20 m, obtém-se:

$$W = \left(\frac{6}{H}\right)^{0{,}3} \left[0{,}62 + 90\left(0{,}4 - \frac{A_v}{A_f}\right)^4\right]$$

Dessa forma:

$$t_e = 0{,}07\ q_{fi}\ \gamma_n\ \gamma_s\ W = 0{,}07 \times 700 \times 0{,}486 \times 1{,}54 \times 1{,}05 = 39\ \text{min}$$

$$39 < (120 - 30)$$

portanto, TRRF = 120 min – 30 min, que resulta:

TRRF = 90 min

O uso do método do tempo equivalente resultou em uma economia de 30 min nas exigências de resistência ao fogo das estruturas. Isso é bastante aceitável, em vista das características de segurança contra incêndio que possui esse edifício-exemplo.

Referências Bibliográficas

AMERICAN SOCIETY FOR TESTING AND MATERIALS – ASTM. *Standard test method for specific optical density of smoke generated by solid materials*. West Conshohocken: ASTM International, 2012.

ANDREW, J. Sinclair. Disponível em: <http://andrewsinclair.org/Fenway%20Fire.htm>. Acesso em: 5 abr. 2012.

ASSOCIAÇÃO BRASILEIRA DE NORMAS TÉCNICAS. *NBR 5628*: componentes construtivos estruturais: determinação da resistência ao fogo. Rio de Janeiro: ABNT, 2001.

ASSOCIAÇÃO BRASILEIRA DE NORMAS TÉCNICAS. *NBR 10636*: paredes e divisórias sem função estrutural. Determinação da resistência ao fogo. Método de ensaio. Rio de Janeiro: ABNT, 1989.

ASSOCIAÇÃO BRASILEIRA DE NORMAS TÉCNICAS. *NBR 14323*: projeto de estruturas de aço de edifícios em situação de incêndio. Rio de Janeiro: ABNT, 2012.

ASSOCIAÇÃO BRASILEIRA DE NORMAS TÉCNICAS. *NBR 14432*: exigências de resistência ao fogo de elementos construtivos das edificações. Rio de Janeiro: ABNT, 2001.

ASSOCIAÇÃO BRASILEIRA DE NORMAS TÉCNICAS. *NBR 15200*: projeto de estruturas de concreto em situação de incêndio. Rio de Janeiro: ABNT, 2012.

ASSOCIAÇÃO BRASILEIRA DE NORMAS TÉCNICAS. *NBR 14323*: projeto de estruturas de madeira. Rio de Janeiro: ABNT, 2012.

ASSOCIAÇÃO BRASILEIRA DE NORMAS TÉCNICAS. *NBR 9077*: saídas de emergência em edifícios. Rio de Janeiro, 2001.

ASSOCIAÇÃO BRASILEIRA DE NORMAS TÉCNICAS. *NBR 8660*: revestimento de piso – Determinação da densidade crítica de fluxo de energia térmica – Método de ensaio. Rio de Janeiro: ABNT, 1984.

ASSOCIAÇÃO BRASILEIRA DE NORMAS TÉCNICAS. *NBR 9442*: materiais de construção – Determinação do índice de propagação superficial de chama pelo método do painel radiante – Método de ensaio. Rio de Janeiro: ABNT, 1988.

CAMILO JR., A. B.; LEITE, W. C. Brigadas de incêndio. *In*: SEITO, A. I.; GILL, A. A.; PANNONI, F. D.; ONO, R.; SILVA, S. B.; CARLO, U.; SILVA, V. P. *A segurança contra incêndios no Brasil*. São Paulo: Projeto Editora, 2008. p. 287-296.

COSTA, C. N. Dimensionamento de elementos de concreto armado em situação de incêndio. 2008. Tese (doutorado) – Escola Politécnica, Universidade de São Paulo, São Paulo, 2008.

COSTA, C. N.; SILVA, V. P.; ONO, R. *A importância da compartimentação e suas implicações no dimensionamento das estruturas de concreto para situação de incêndio*. *In*: Anais do Congresso Brasileiro do Concreto, 47. Olinda, 2005.

EUROPEAN COMMITTEE FOR STANDARDIZATION. EN 1991-1-2: *Eurocode 1*: actions on structures – part 1.2: general actions – actions on structures exposed to fire. Brussels: CEN, 2002.

GILL, A. A.; NEGRISOLO, W.; OLIVEIRA, S. A. Aprendendo com os grandes incêndios. *In*: SEITO, A. I.; GILL, A. A.; PANNONI, F. D.; ONO, R.; SILVA, S. B.; CARLO, U.; SILVA, V. P. *A segurança contra incêndios no Brasil*. São Paulo: Projeto Editora, 2008. p. 19-32.

HILTI. *Manual técnico de proteção passiva corta fogo*. 2008.

INTERNACIONAL IRON AND STEEL INSTITUTE – IISI. *Fire engineering design for steel structures*: state of the art. Brussels: IISI, 1993.

INTERNATIONAL ORGANIZATION FOR STANDARDIZATION. *ISO 834*: fire resistance tests: elements of building construction: part 1.1: general requirements for fire resistance testing. Revisão da 1. ed. ISO 834:1975. Geneva: ISO, 1990.

INTERNATIONAL ORGANIZATION FOR STANDARDIZATION. *ISO 11925-2*. reaction to fire tests – Ignitability of building products subjected to direct impingement of flame – Part 2: Single-flame source test. Geneva: ISO, 2010.

NEGRISOLO, W. *Arquitetando a segurança contra incêndio*. 2012. Tese (doutorado) – Faculdade de Arquitetura e Urbanismo, Universidade de São Paulo, São Paulo, 2012.

PINTO, E. M. *Determinação de um modelo para a taxa de carbonização transversal a grã para a madeira de E. Citríodora e E. Grandis*. 2005. Tese (doutorado) – Escola de Engenharia de São Carlos, Universidade de São Paulo, São Carlos, 2005.

PLANK, R. *Fire engineering of steel structures*. University of Sheffield. Sheffield. 1996.

SÃO PAULO (Estado). Decreto nº 56.819, de 10 de março de 2011. Institui o regulamento de segurança contra incêndio das edificações e áreas de risco no Estado de São Paulo e estabelece outras providências. *Diário Oficial do Estado de São Paulo*, São Paulo, 11 de março de 2011. p. 1-11.

Referências Bibliográficas

SÃO PAULO (Estado). Secretaria de Estado dos Negócios da Segurança Pública. Polícia Militar. Corpo de Bombeiros. *Instrução Técnica nº 6*: acesso de viatura na edificação e áreas de risco. São Paulo, 2011.

SÃO PAULO (Estado). Secretaria de Estado dos Negócios da Segurança Pública. Polícia Militar. Corpo de Bombeiros. *Instrução Técnica nº 7*: separação entre edificações (isolamento de risco). São Paulo, 2011.

SÃO PAULO (Estado). Secretaria de Estado dos Negócios da Segurança Pública. Polícia Militar. Corpo de Bombeiros. *Instrução Técnica nº 8*: resistência ao fogo dos elementos de construção. São Paulo, 2011.

SÃO PAULO (Estado). Secretaria de Estado dos Negócios da Segurança Pública. Polícia Militar. Corpo de Bombeiros. *Instrução Técnica nº 9*: compartimentação horizontal e compartimentação vertical. São Paulo, 2011.

SÃO PAULO (Estado). Secretaria de Estado dos Negócios da Segurança Pública. Polícia Militar. Corpo de Bombeiros. *Instrução Técnica nº 10*: controle de materiais de acabamento e de revestimento. São Paulo, 2011.

SÃO PAULO (Estado). Secretaria de Estado dos Negócios da Segurança Pública. Polícia Militar. Corpo de Bombeiros. *Instrução Técnica nº 11*: saídas de emergência. São Paulo, 2011.

SÃO PAULO (Estado). Secretaria de Estado dos Negócios da Segurança Pública. Polícia Militar. Corpo de Bombeiros. *Instrução Técnica nº 14*: carga de incêndio nas edificações e áreas de risco. São Paulo, 2011.

SÃO PAULO (Município). Código de Obras e Edificações – COE. *Lei nº 11.228*, de 25 de junho de 1992. São Paulo, 1992.

SILVA, V. P.; PANNONI, F. D.; PINTO, E. M.; SILVA, A. A. Segurança das estruturas em situação de incêndio. *In*: SEITO, A. I.; GILL, A. A.; PANNONI, F. D.; ONO, R.; SILVA, S. B.; CARLO, U.; SILVA, V. P. *A segurança contra incêndios no Brasil*. São Paulo: Projeto Editora, 2008.

SILVA, V. P. *Projeto de estruturas de concreto em situação de incêndio*. Blucher. São Paulo, 2012.

SILVA, V. P.; VARGAS, M. R.; ONO, R. *Prevenção contra incêndio no projeto de arquitetura*. Rio de Janeiro: CBCA – Centro Brasileiro da Construção em Aço, 2010.

VARGAS, M. R.; SILVA, V. P. *Resistência ao fogo das estruturas de aço*. Rio de Janeiro: CBCA – Centro Brasileiro da Construção em Aço, 2005.

Sites consultados

3M. Disponível em: <http://solutions.3m.com/wps/portal/3M/en_US/Fire_Protection_Products/ Home/Products_and_Systems/Products_2/?PC_7_RJH9U5230GHHD0IAH52Q9618R7000000_nid=HCVCM6R43FbeTGS9R7QM25g>. Acesso em: 20 fev. 2012.

AllAroundPhilly. Disponível em: <http://www3.allaroundphilly.com/blogs/reporter/2chrisas2/uploaded_images/wboy3-713179.jpg>. Acesso em: 17 dez. 2011.

Arquiline's Blog. Disponível em: <http://arqline.files.wordpress.com/2010/10/great-fire-chicago-pintura-da-epoca.jpg>. Acesso em: 17 dez. 2011.

Chicago Now. Disponível em: <http://www.chicagonow.com/blogs/chicago-halloween-haunted-blog-photos/2009/10/iroquois-theater.html>. Acesso em: 17 dez. 2011.

ChicagoHistoryMuseum. Disponível em: <http://www.chicagohs.org/history/fire.html>. Acesso em: 17 dez. 2011.

Cirurgia plástica. UFPR. Disponível em: <http://www.cirplasufpr.com/news/gazeta%20do%20povo%3a%20inc%c3%aandio%20do%20gran%20circo%20norte-americano>. Acesso em: 14 abr. 2012.

Dead Ohio. Disponível em: <http://www.deadohio.com/collinwood.htm>. Acesso em: 17 dez. 2011.

Diário do Catuí. Disponível em: <http://catui.blogspot.com.br>. Acesso em: 14 abr. 2012.

Fotolog. Disponível em: <http://www.fotolog.com.br/tumminelli/9256235>. Acesso em: 12 abr. 2012.

Gazeta do Povo. Disponível em: <http://www.gazetadopovo.com.br/cadernog/conteudo.phtml?tl=1&id=1208271&%ED%AF%80%ED%B2%AB>. Acesso em: 3 maio 2012.

Greatest-Mysteries. Disponível em: <http://greatest-mysteries.blogspot.com/2007/04/great-fire-of-rome.html>. Acesso em: 17 dez. 2011.

History of FireFighters – *FireFighter's Barbacue Souce* (s/d). Disponível em: <http://www.firefightersbbq.com/9601.html>. Acesso em: 2 fev. 2013.

National Geographic. Disponível em: <http://news.nationalgeographic.com/news/2009/11/photogalleries/maya-2012-failed-apocalypses/#/great-fire-london-1666_11739_600x450.jpg>. Acesso em: 20 mar. 2013.

RTB – Rescue Training Brasil. Disponível em: <http://www.rtbrasil.com.br/site/casos-famosos/casos-famosos-edificio-andraus>. Acesso em: 17 dez. 2011.

São Paulo antiga. Disponível em: <http://www.saopauloantiga.com.br/o-incendio-do-edificio-joelma>. Acesso em: 14 abr. 2012.

Tumbrl. Disponível em: <http://29.media.tumblr.com/tumblr_ljgd6eaKng1qg4igfo1_400.jpg>. Acesso em: 17 dez. 2011.

Wikipedia. Vigiles. Disponível em: <http://en.wikipedia.org/wiki/Vigiles>. Acesso em: 2 fev. 2013.

Wikipedia. Triangle Shirtwaist Factory fire. Disponível em: <http://en.wikipedia.org/wiki/Triangle_Shirtwaist_Factory_fire>. Acesso em: 17 dez. 2011.

Wikipedia. Great Fire of London. Disponível em: <http://en.wikipedia.org/wiki/Great_Fire_of_London>. Acesso em: 17 dez. 2011.